남자,
뷰티를 말하다

남자, 뷰티를 말하다

아시아의 뷰티 트렌드를 이끌어가는
'스타뷰티쇼' 김용규 PD의 뷰티 이야기

김용규 지음

이상

'아시아 뷰티 트렌드세터 프로그램'이라는 슬로건으로 시작된 대한민국의 가장 핫한 뷰티 프로그램 〈스타뷰티쇼〉. 준비기간만 8개월, 전문가 미팅과 브랜드 MD 설문 등 철저한 준비를 거쳐 2012년 8월 첫 방송을 시작했으며, 햇수로 3년을 넘어 벌써 시즌3를 종료하고 2014년 프로젝트 시즌4를 마무리한 상태다.

　〈스타뷰티쇼〉를 방문한 스타만 해도 고소영, 김남주, 미란다 커, 바바라 팔빈을 비롯해 세계적인 메이크업 아티스트인 웬디 로웨……. 〈스타뷰티쇼〉는 많은 이슈를 만들었다. 또한 시즌3까지 진행되는 동안 참여한 브랜드만 해도 120여 개가 넘는다. 글로벌 명품 브랜드, 국내 명품 브랜드, 로드샵 브랜드, 온라인 유통 브랜드에서 방문판매 브랜드까지 스펙트럼이 광범위하다. 인지도는 낮지만 제품 하나만으로 〈스타뷰티쇼〉를 통해 히트 브랜드 반열까지 오른 중소기업도 있다. 〈스타뷰티쇼〉는 캄보디아 지상파 TV에 포맷을 판매, 뷰티 프로그램 최초로 포맷과 콘텐츠 판매의 기록도 세웠다.

이렇게 화려한 족적을 남긴 〈스타뷰티쇼〉를 2년 넘게 이끌어 온 프로그램 프로듀서인 나는 정작 '뷰티'와는 전혀 무관한 남자였다. 이 프로그램을 처음 맡은 3년 전에는 무모하게 시작했다. 뷰티에 대해 아는 것도 없이 어떻게 여기까지 왔는지 모를 정도이다. 하지만 오히려 화장품에 대해 잘 모르고 시작했던 것이 더 큰 경쟁력이었다. 내가 아는 것이 부족하다고 생각했기 때문에 브랜드 홍보담당자는 물론 매거진 에디터, 메이크업 아티스트, 그리고 각 분야의 다양한 전문가들에게 많은 조언과 도움을 요청했다. 그런 과정을 통해 참신한 아이디어가 나오고 그만큼 더 깊이 파고들 수 있는 기회가 주어졌다.
기존에 뷰티 관련 업계에서 관행처럼 해오던 방식들에서 과감히 탈피하여 이론을 뒤엎는 실전 마케팅 전략을 세웠고, 뷰티스트(뷰티 관련 파워 블로거)들과 3년째 진정성에 바탕을 둔 바이럴 마케

팅을 통해 지금은 뷰티 브랜드 담당자들과 화장품 마케팅 이야
기도 자연스럽게 나눌 정도가 되었다. 심지어 브랜드 마케팅 책
임자들로부터 브랜드 카운슬러 요청을 받기도 했다. 그리고 어
떻게 소문이 났는지 새롭게 시장에 런칭하는 브랜드로부터 마케
팅에 대한 자문 역할을 맡아달라는 부탁을 받은 적도 있다.

지난 네 시즌 동안 '뷰미남'(뷰티에 미친 남자)이라는 애칭을 붙여주
신 이예은 기자님, 나를 지지해주고 프로그램에 동참해주신 많
은 브랜드 담당자님, 대표님들에게 감사의 말을 전한다. 그리고
묵묵히 나를 믿고 따라 와준 〈스타뷰티쇼〉 제작진들, 순철, 수
경 원장님과 순수 식구들, 도윤범, 서인영 MC에게도 큰 빛을
졌다. 그리고 이 책을 출판하는 데 많은 도움을 주신 이상미디
어에도 감사의 말을 전한다.

　우리나라 뷰티 산업의 발전에 일조를 했다는 뿌듯함을 느끼
며 현재 아시아 시장에 부는 K-팝 한류에 더불어 K-뷰티 붐이
더욱더 넓게 아시아를 타고 남미, 유럽까지 퍼져나갈 때까지 더
욱 더 뷰티를 사랑하고 좋은 프로그램을 기획·제작하고 싶다.
마지막으로 나의 바람은 아시아의 모든 브랜드를 대상으로 뷰티
인의 축제 그리고 시상식 프로젝트를 프로그램으로 만들고 싶다
는 것이다.

1부.
스타뷰티쇼의 탄생 스토리

아내의 화장대를 탐하다 _ 12

'아름다움'은 진화하고 있다 _ 15

나에게 맞는 화장품, 알고 쓰나요? _ 19

간단히 풀어보는 화장품의 역사 _ 22

프로그램을 살리는 '섭외 전쟁' _ 29

스토리텔링의 SNS 전도사, '뷰티스트' _ 38

뷰티스트, 단순한 서포터즈를 넘어서다 _ 50

스타뷰티쇼, 아시아를 누비다 _ 56

2부.
브랜드에 감성을 입혀라, 뷰티 스토리텔링

마케팅은 시대적 환경을 따라야 한다 _ 64

품격에 품격을 더하다 : 입생로랑의 한국시장 재진출 _ 67

미란다 커를 만나다 : 입생로랑의 틴트 _ 74

'피부 세포'의 시간을 되돌려라 : 입생로랑의 안티에이징 화장품 _ 78

순간의 상황을 읽어라 : P&G 팬틴 샴푸 _ 83

피부에 환경을 입히다 : 천연제품 라보닉코리아 _ 88

유니크한 제품, 스타를 만나다 : 알프레산 풋케어 제품 _ 94

키스를 부르는 입술 : 로레알 파리의 바바라 팔빈 _ 98

초승달 음식 VS 보름달 음식 : 벌꿀 아이스크림 이너뷰티 _ 103

인상학 뷰티 : 페이스 코치를 만나다 _ 107

디자인도 중요한 마케팅이다 : 투쿨포스쿨 _ 112

아티스트, 브랜드의 얼굴이 되다 _ 116

대륙을 공략하라 : 토종의 힘, 본비 _ 120

온라인에서 오프라인으로 나오다 : 낫츠의 명품 전략 _ 124

아이디어로 승부를 걸다 : 비트 테라피 _ 128

헬시 뷰티 : 가바링 팔찌 _ 134

데일리 향을 바디에 입혀라 : 러블리 메모리 _ 138

홍대 거리에서 '플래시 몹'을 하다 : 필립스 비자퓨어 진동클렌저 _ 145

클렌징의 모든 것을 보여주다 : 페이스인페이스 _ 149

립스틱, 피부를 선택하라 : 바비브라운 립스틱 _ 153

'공대녀', '공무원' 되다 : 마이뷰티다이어리 데일리 팩 _ 158

영상 콘텐츠는 마케팅의 기본이다 _ 163

뷰티 프로그램, 홈쇼핑에 진출하다 _ 169

컴퓨터 그래픽과 수경 원장의 메이크업 대결 _ 172

3부.
K-뷰티, 아시아의 트렌드가 되다

글로벌 마케팅, 홍콩에 가다 _ 178

홍콩의 뷰티 박람회에서 만난 중소기업 브랜드의 힘 _ 183

몽콕의 에뛰드하우스 1호 매장 _ 191

토니모리, 홍콩을 넘어 중국으로 간다 _ 196

고운세상, 사사 매장의 모델 마케팅 _ 200

듀이트리, 홍콩에서 빛나다 _ 206

일본 뷰티 탐방기 : 랭킹랭퀸 _ 213

K-뷰티 & J-뷰티, 서로 통하다 _ 218

중국인의 마음을 사로잡아라 : 차이나타운의 뷰티타운 _ 223

글로벌에 빛난 K-뷰티 아티스트, 수경 원장 _ 226

K-뷰티의 글로벌 엔터테인먼트 마케팅 _ 232

부록.
스타뷰티쇼, 나의 소중한 인연들

'스타뷰티쇼'가 성공한 이유는 무엇일까?

MC 서인영 _ 238

차세대 헤어 트렌드세터

'스타뷰티쇼' 동영상 최고 조회수 기록, 건형 원장 _ 241

나와 함께 성장하는 '스타뷰티쇼'

망치 베이스의 원조, 상민 원장 _ 243

'스타뷰티쇼'는 트렌드세터 프로그램

MC 수경 원장(순수의 대표 원장) _ 245

'스타뷰티쇼'는 나의 운명

뷰티 전문 작가, 최성진 _ 249

'스타뷰티쇼'와 함께 아시아를 누비고 싶다!

순철 원장(순수의 대표 원장) _ 253

진정한 뷰티 길라잡이, '스타뷰티쇼'!

뷰티 디렉터, 도윤범 _ 255

스타뷰티쇼의 탄생 스토리

1부

01

아내의 화장대를 탐하다

2011년 〈2PM 쇼〉와 〈티아라의 꽃미남들〉을 성공적으로 마치고 동남아 국가에 콘텐츠 판매 미팅을 열심히 진행하면서 '아빠와 함께(가제)'라는 캠핑 프로그램을 준비하고 있었다. 〈특명, 아빠의 도전〉과 솔루션 프로그램을 오랫동안 제작한 노하우로 자신도 있었지만 당시 주 5일 근무제가 자리 잡아가고 있었고 캠핑 열풍이 불기 시작하던 상황이라 성공을 자신하고 있었다. 작가들과 기획서를 만들고 지방자치단체와 아웃도어 기업에 협찬 미팅을 계속 다니면서 거의 7회분을 만들어 첫 방송을 앞두고 있었다(만약 그때 '아빠와 함께'가 계획대로 제작되어 방송되었다면 화제의 프로그램 〈아빠 어디가〉 못지않은 인기를 끌었을 것이다).

그런데 갑자기 채널에서 미션이 떨어졌다. 트렌디한 스타일의 프로그램을 준비해 보라는 것이었다. 열심히 준비한 프로그램이 불발된 것에 대한 좌절감도 컸지만 그보다는 기존과 다른 프로그램을 해야 한다는 상황이 참 난감했다. 주로 다큐와 시사, 퓨전형태의 예능프로그램만 제작해왔던 상황에서 갑자기 패션, 뷰티와 관련된 스타일 프로그램을 제작해야 한다는 것은 녹록한 일은 아니었다.

다행히도 〈티아라의 꽃미남들〉을 하면서 만난 화장품 업체 토니모리와의 인연으로 화장품에 대해 많이 아는 대행사와 같이 준비하게 되었다. 동시에 서점에 들러 뷰티 관련 서적들을 스무 권 정도 구입하여 탐독했다. 그런데 책을 읽으면 읽을수록 더욱 혼란스러워졌다. 화장품 이름과 종류가 너무도 다양했고 관련 용어는 '외계어'처럼 낯설었다. 과연 여자들은 이 많은 용어들을 제대로 알면서 화장을 하는 것일까 하는 궁금증이 생길 정도였다. 대부분 남자들이 그렇겠지만 난 스킨과 로션이 화장품의 전부인 줄 알았다.

일단은 잡지 에디터, 미용과 헤어 전문가, 브랜드 담당자들을 만나 그들의 의견을 들어 보기로 했다. '모르는 것은 죄가 아니며, 단지 알려고 노력하지 않는 게으름이 문제'라는 생각으로 전문가들을 만나 조언도 듣고 현재 뷰티 프로그램들의 현황과 장단점을 분석하고 새로운 아이디로 기획안을 짜는 데 8개월 정도 걸렸다. 최종 기획안을 제출하면서도 나는 '아빠와 함께(가제)'라는 캠핑 여행 프로그램을 하겠다고 했다. 하지만 채널에서 선택한 것은 결국 〈스타뷰티쇼〉라는 뷰티 프로그램이었다.

뷰티 프로그램은 기존의 프로그램들과 달리 협찬 브랜드와 함께 가야 하는 상황이어서 기획 단계부터 다르게 접근해야 했다. 이미 뷰티 프로그램을 선점한 〈겟잇뷰티〉가 있었고 여러 프로그램들이 생겼다가 폐지되는 상황이었기에 더욱 신중함과 치밀한 전략이 필요했다.

그만큼 상황이 만만하지 않다는 것이었다. 하지만 그것이 또 다른 자극제가 되었다. 기획을 시작하는 날부터 집에 오면 아내의 화장대를 들여다보고 연구하며 뷰티 관련 잡지들을 탐독하기 시작했다. 무엇보다도 기획을 같이 진행했던 대행사 친구들과 브랜드 미팅을 같이 다니면서 브랜드의 니즈와 특성에 대해 경청했다. 스킨과 로션밖에 모르는 남자가 '뷰티'라는 세계로 빠져드는 순간이었다.

02

'아름다움'은 진화하고 있다

요즘 종종 SNS 상에서 화제가 되는 메이크업 비포 & 애프터 사진들을 본 적이 있는가? 그런 사진들을 보면 화장은 '매직'이다. 자신의 아름다움을 조금 돋보이게 하는 수준을 넘어 '화려한 변신'을 가능케 하는 것이 바로 화장술이다.

화장은 겉으로 아름다움을 뽐내고자 하는 필요에 의해 시작되었지만 요즘은 라이프스타일과 놀이로서 다양하게 진화해가고 있다. 특히 요즘은 화장을 즐겨하는 10대들이 늘어나고 있는데, 화장품을 소비하는 계층이 다양해지는 만큼 화장의 카테고리도 다양하게 분화되고 있다. 예를 들면 이런 식이다. 단순히 겉으로 보이는 아름다움만을 강조하는 것이 아니라 마음을

치유해주는 '힐링 뷰티', 건강까지 챙겨주는 '헬시 뷰티', 또는 화
장품을 통해 피부 표면만을 일시적으로 꾸며주는 것이 아니라
식습관과 생활습관 개선을 통해 피부 속 건강을 챙겨주는 '이너
뷰티' 등 단순한 아름다움에 그치지 않고 그 이상의 가치와 함께
어우러지고 있다.

이런 사회적 현상을 고려해볼 필요도 없이 난 화장 예찬론자
다. 물론 뷰티 프로그램을 하기 전에는 화장에 대해 무지했지만
요즘 나는 홍대나 명동 등에 나가면 여성들의 화장 스타일 분석
을 한다. 기초 베이스는 어떤 스타일로 하는지, 립컬러 톤은 어
떤지, 볼터치와 아이 메이크업은 어떻게 했는지 거리의 여성들
을 뚫어지게 쳐다보곤 한다. 그 중 내가 가장 좋아하는 것은 립
메이크업이다. 화장은 립컬러가 중심이라고 생각한다. 일단 시
선도 입술에 먼저 고정되고 그 다음에 전체 메이크업 밸런스가
맞는지 본다. 립 메이크업은 간단한 것처럼 보이지만 입술 모양
과 두터움의 차이에 따라 잘 어울리는 컬러가 있기 때문에 신경
써야 한다.

대부분의 여자들에게 화장을 왜 하냐고 물어보면 '예뻐지려
고요'라는 말을 듣게 된다. 그런데 이 말의 의미는 연령대별로
약간 차이가 있다. 10대 후반부터 삼십대 초반의 여성들은 화

장을 통해 자신의 단점을 보완하면서 자신감을 높이고자 한다. 그러면서 이를 통해 이성에게 어필하고자 한다. 이것이 사실과 다르다고 반박할 수도 있다. 그러나 여러 설문조사를 보면 그 연령대 여성들의 답은 90% 이상이 그러하다. 우리 프로그램에서도 남자 친구 만나기 2~3분 전 수정 메이크업에 대한 콘셉트로 방송을 한 적이 있었는데, 반응이 매우 뜨거웠다. 그래서 나는 늘 브랜드 담당자들에게 이성에게 잘 보이고 싶은 여성의 심리, 혹은 남자가 여자 친구에게 선물하는 콘셉트로 마케팅 기획을 세워보라고 조언하곤 한다.

이와 달리 30대 후반 이상의 여성들이 화장을 통해 '예뻐지려고' 하는 목적은 자기만족 또는 품위 유지를 위한 것이 60~70% 정도이다. 즉 30대 이상은 이성에게 어필하기 위한 메이크업보다는 화장을 통해 자기를 표현하고 좀 더 예뻐지기 위해 결점을 커버하려는 화장이 많다는 것이다. 즉 자기 만족과 자기 표현을 위한 메이크업을 한다.

물론 연령대별로 화장의 목적을 획일화할 수 없고 여성들이 화장을 통해 얻고자 하는 효용과 의미는 사람마다 조금씩 다를 수밖에 없다. 하지만 나이가 많든 적든, 피부색이 검든 하얗든, 각자 자신의 삶의 조건에 따라 아름다워지고 싶은 욕망을 화장을 통해 달성한다는 것이다. 자기만족이든 이성에게 어필하기 위한 것이든 그것을 가지고 왈가왈부할 필요는 없다. 나는 다만 이렇게 아름다워지고자 하는 여성의 노력에 박수를 보내고 응원하는 것이다. 화장을 통해 얼마나 많은 여성들이 자신감을 가지며 스스로 만족하는가!

03

나에게 맞는 화장품, 알고 쓰나요?

화장품은 여성들의 필수품이다. 여성들의 가방을 공개해 보면 그 안에 화장품만 들어 있는 파우치가 나온다. 사람마다 차이는 있겠지만 보통 10가지 내외 혹은 그 이상의 제품들이 들어 있다.

그러나 일상적으로 휴대하고 다니는 화장품에 대해 여성들은 얼마나 제대로 알고 사용하고 있을까? 2012년 〈스타뷰티쇼〉를 준비하면서 리서치 전문기관에 의뢰하여 성인 여성 1,000명에게 설문을 진행했다. 또 640대 1의 경쟁률을 보였던 뷰티스트 지원서에도 많은 뷰티 관련 질문지를 만들어 놨는데 두 설문조사에서 의외의 결과가 도출되었다. 여성들 모두가 화장품에 대해 박식하고 브랜드도 다 꿰고 있으며 자신의 피부 상태가 어떤

지에 잘 이해하고 제품을 사용하는 것은 아니라는 사실이다.

몇 해 전 뉴스에서 여성들의 속옷 사이즈에 대한 보도가 나온 적이 있었다. 여성들 대부분 브래지어의 사이즈를 잘 알고 사용하는 줄 알았는데 조사 결과 그렇지 않다는 것이었다. 이와 마찬가지로 여성들은 자신의 피부 유형에 대해 정확히 인지하지 못한 채 제품을 사용하는 경우가 많다. 얼굴에는 T존, U존이 있다는 사실을 아는가? 피부 유형에는 일반적으로 건성, 지성, 복합성 등이 있는데, 얼굴 중에서도 어떤 부분은 지성, 어떤 부분은 건성, T존 부위는 복합성 피부를 가진 사람들이 의외로 많다. 이런 사실을 모른 채 한 가지 피부 유형에 맞는 기초 제품을 사용하다 보면 피부 트러블이 생기고 화장도 피부에 밀착되지 않고 떠버리게 된다. 또 습관적으로 사용하던 것들만 쓰기 때문에 다양한 제품을 테스트하면서 자신에게 맞는 제품을 고르지 못하는 경우도 많다. 특히 헤어 제품은 그 양상이 더욱 심하다는 것을 설문을 통해 확인할 수 있었다.

화장품에 대한 정보도 주로 인터넷과 뷰티 블로그를 통해 제품 정보를 얻고 구매하는 비율도 높다는 것도 알 수 있었다. 그리고 화장품의 유통기간을 확인하는 방법도 모르는 여성들이 많았으며 화장도구의 세척 및 올바른 보관법에 대해서도 모르는 경우도 의외로 많았다. 그리고 기초 제품의 경우 어떤 재료가 많이 들어 있는지 성분 표시에 대한 이해도 없었다.

제대로 알지 못하면서 그냥 습관적으로 화장품을 사용하는 여성들이 많다는 결과에 놀라웠고 이런 설문을 바탕으로 프로그램에 기획 코너를 만들기도 했으며 방송된 후 많은 화제와 반응을 불러일으켰다.

특히 기초 제품이나 기능성 제품을 사용할 경우에는 자신의 피부 타입과 상태를 정확히 알고 그것에 맞는 제품을 골라 사용해야 피부 손상을 막을 수 있고 효과적인 관리를 할 수 있다. 이 글을 읽은 다음 자신의 화장대를 한번 점검해보길 권한다. 유통기한을 반드시 확인하고, 성분표시 중 맨 앞에 표기된 것이 가장 높은 비율로 들어간 것이니 자신의 피부에 도움이 되는지 독이 되는지 확인해보라. 나에게 맞는 화장품을 사용할 때 피부도 건강하고 더욱 더 아름다워질 수 있다.

04

간단히 풀어보는 화장품의 역사

화장품은 인류 문명에서 아주 오래된 유산 중 하나이다. 프로그램을 준비하면서 이런 저런 참고 자료들을 찾아봤는데 화장품의 역사는 물론 다양한 논문들이 많이 나와 있었다. 물론 뷰티 프로그램을 하는데 화장품 역사나 논문 등을 운운하면 괜히 거들먹거리는 것처럼 보일 수 있겠지만 화장품에 대해 새로운 시각을 얻는 데 도움이 되었다.

먼저 화장의 어원을 살펴보면 화장품을 뜻하는 'Cosmetic'는 희랍어 'Cosmeticos'에 어원을 두고 있다. 이것은 '잘 정리한다, 잘 감싼다'라는 의미로 'Cosmos'에서 유래되었다. 이 단어는 잘 정리되고 장식한다는 뜻으로 이어져 프랑스로 전파된다. 프랑스어로는 'Cosmetique'가 되고 이후에 영어로 'Cosmetic'이 되었다.

화장의 기원은 고대 원시사회에서 남성과 여성의 구분 없이 진행되는 종교의식에서 시작되었을 것이다. 그것을 현대적 의미의 화장이라고 할 수는 없지만 무언가 얼굴에 치장하는 행위의 역사는 상당히 오래되었으며 역사의 흐름에 따라 다양한 형태로 발전을 했을 것이라는 추측이 가능하다. 그렇다면 아름다움을 강조하기 위한 현대적 의미의 화장은 언제부터 시작되었을까? 기원전 7,500년 경 이집트에서 시작되었다고 한다. 그리고 그 유명한 이집트의 여왕 클레오파트라가 화장술을 집대성했다고 한다. 클레오파트라의 화려한 화장술은 현대에 많은 연구를 통해 스킨케어, 바디케어, 네일케어, 헤어케어, 향수, 아로마, 액세서리에 이르기까지 다양하게 체계화되어 많은 영향과 발전의 모티브가 되었다.

이집트를 거쳐 18세기 프랑스 파리에 향수와 화장품 가게가 늘어갔고 향수와 화장 문화가 급속도로 퍼져나갔다. 이후 영국의 비쳄과 미국의 할레이트 허바드가 현대적 의미의 화장품을 제조하면서 20세기 새로운 화장기술과 액세서리 기술이 발전하게 되었다. 그래서 매년 발표되는 세계 100대 화장품 기업 중에는 미국과 프랑스의 글로벌 브랜드들이 가장 많다.

그렇다면 우리나라의 화장품 역사는 어떨까? 우리나라 역시 화장의 기원은 주술적 의미, 즉 신과의 교신을 위한 의식으로서 화장이 시작되었다고 본다.

이것은 삼국시대에도 서로 다르게 발전해왔다. 신라는 고구려, 백제보다 화장은 늦게 시작했지만 화장 기술은 더 큰 발전을 이뤘다. 특히 신라의 화랑들은 여성 못지않은 화장을 했다. 아마 이것이 지금의 남성보다 더 트렌드하고 세련된 것이지 않았을까? 화랑들은 잇꽃(국화과의 식물로 붉은 빛 염료를 얻는다 하여 홍화라고 하는 꽃)으로 연지를 만들어 이마와 뺨, 입술에 바르고 백합꽃의 붉은 수술로 색분을 만들어 화장을 했다고 한다.

아마도 이것이 주술의 의미를 떠나 남성 화장의 시초가 아니었을까? 이미 이때부터 K-뷰티의 우수성은 널리 알려져 인기가 있었다고 한다. 화장품 제조 기술이 뛰어나 일본과 중국에 그 기술을 전하였고 특히 백제인들은 엷은 화장을 수준 높게 구사할 수 있었으며 일본은 이러한 화장법을 배워 갔다고도 한다. 특히 색조 화장에 대한 오래된 증거는 쌍영총 벽화에 발견된 것을 보면 알 수 있다. 남녀의 입술과 볼이 붉게 화장된 것으로 보아 이미 5~6세기경에 연지 화장을 했을 것으로 추정한다.

이러한 화장이 자유분방한 고려를 거쳐 유교 중심 사회인 조선시대에는 여성들에게 내면의 아름다움을 강조하던 사회 분위기와 맞물려 더욱더 세분화되고 고급스럽게 변모되어갔다. 양반가 규수들과 양민 여성들의 일상 화장과 기생, 궁녀 등 특수 계층의 화장술은 한눈에 구분이 될 정도로 차이가 났다.

조선시대 미인의 기준은 옥처럼 흰 피부와 초승달 같은 눈썹, 붉은 입술, 가는 허리, 팔등신의 신체 비례로 점차 굳어진다. 요즘과 비교해도 별 차이가 없는 미인의 기준이지만 그런 기준을 따라 화장 기술도 발전했다. 1922년에 우리나라에도 제대로 된 화장품들이 나오기 시작했다. 바로 그 유명한 '박가분'이다. 박가분은 출시되자마자 엄청난 인기를 끌었다. 우리가 잘 알고 있는 동동구리와 박가분은 박물장수들이 전국 방방곡곡을 돌며 판매했는데, 무엇보다 저렴한 가격이 경쟁력이었다. 당시에 박가분이 하루에 5만 갑이나 팔렸다고 하니 엄청난 히트상품이었던 셈이다.

개화기 이후엔 외국의 화장품들이 들어오게 되는데 초기에는 일본과 청나라를 통해서 들어왔다. 한일합방 후에는 유럽산 크림, 비누, 향수 등의 수입 화장품이 여성들로부터 많은 인기를 얻었다. 그 이후 일본 유학생 출신 오엽주가 종로 화신백화점에 처음으로 미장원을 개업해 여성들에게 신세계를 열어주었다. 미장원이라는 신세계에서 새로운 메이크업 테크닉과 바니싱크림 등 새로운 화장품이 널리 퍼지게 되었다. 또한 연지를 아랫입술에만 빨갛게 바르고 눈썹을 초승달 모양으로 그리는 메이크업을 유행시켰다.

70년대 들어서 본격적인 색조 화장이 활성화되고 샴푸, 바디제품, 팩 제품 등 화장품 시장이 급성장하게 된다. 이때 브라운, 오렌지, 블루, 핑크 등 컬러 위주의 화장이 주류를 이루고 광고를 통해 본격적인 화장품 마케팅이 시작되었다.

80년대 들어서는 컬러 TV의 보급으로 컬러 화장의 관심과 수요가 폭발적으로 증가했다. 화장품 수입이 자유화되면서 외국 브랜드들이 물밀듯이 들어와 그야말로 화장품의 전성시대를 구가했다. 그리고 화장품 모델 경쟁과 동경의 대상들이 생겨났다. 장미희, 정윤희, 유지인이 트로이카 시대를 열었고, 해외스타인 브룩 쉴즈, 소피 마르소, 피비 케이츠에 열광하는 팬들이 많이 생기면서 해외 스타의 메이크업 따라 하기 붐이 일어났다.

1990년대 들어서서 메이크업은 새로운 트렌드를 창출하고 여성들의 스타일을 크게 변모시켰다. 이 시대에는 베이지, 오렌지, 브라운 계열의 자연스러운 색조가 트렌드를 주도했고 화장품 브랜드에에서는 시즌마다 컬러를 제시하며 트렌드를 이끌었다. 아마도 지금의 전형적인 시즌 신상품 출시와 뷰티클래스를 통해 트렌드를 만들어가는 모습의 원조라고 할 수 있을 것이다.

2000년대 들어서는 인터넷과 모바일이 마케팅과 트렌드를 주도해나갔다. 화장품도 저가에서 고가, 성분별, 타입별로 세분화되었고 사용 후기와 자신들의 노하우를 인터넷으로 공유하며 화장품 회사의 일방적 마케팅이 끝났음을 알렸다. 더 나아가 소비자 니즈에 맞춰 제품을 개발하고 마케팅을 해야 하는 시대가 되었다. 그리고 드디어 남성 화장품 시장이 점차 그 영역을 넓혀가는 추세로 접어들었다.

요즘 한국의 뷰티 산업은 색조 화장이 트렌드를 주도하는 듯하다. 눈에 띄게 드러난 것보다 자연스러운 화장을 지향하며 피부결의 깨끗함과 건강한 아름다움을 추구한다. 이런 경향은 기초 제품도 예외가 아니다. 유기농 인증마크가 있는 천연 화장품, 이너뷰티 등 피부에 좋고 실용적인 제품들을 선호하기 시작했다. 이제 K-뷰티는 아시아를 넘어 남미 유럽까지 진출하고 있다. 많은 나라에서 동안피부 비결과 K-뷰티 제품의 효능에 열광하고 있다. 과거 화장품 기술과 메이크업 기술을 전수받던 우리가 그들을 앞지르고 트렌드를 주도하고 있다. 트렌드와 시장 환경은 늘 시대에 따라 변하기 마련이다. 이런 시장의 흐름을 읽지 못하고 대처하지 못한 80년대 몇몇 국산 화장품의 간판 업체들은 지금 시장의 주류에서 밀려나 있다. 과거를 알고 현재를 읽으며 미래 시장을 준비하지 않으면 지금의 선두 기업들도 그 미래가 결코 밝다고 할 수 없다. K-뷰티가 잠시의 흥행이 아닌 롱런하며 해외에서 더욱 더 빛나길 기원하고 응원한다.

05

프로그램을 살리는 '섭외 전쟁'

기존의 뷰티 프로그램을 면밀히 보면서 느낀 점은 약간의 차이
는 있지만 큰 틀에서는 서로 너무 비슷하다는 것이었다. 일방적
으로 정보를 전달하는 뷰티 클래스 혹은 메이크업 강의를 듣는
느낌이랄까? 참신한 새로운 시도가 필요해 보였다. 그래서 나
는 무지함을 일깨워주고 채워줄 각 분야 전문가 군단을 꾸리기
시작했다. 매거진 에디터, 피부과 전문의, 메이크업 아티스트,
헤어 디자이너로 분류했다.

각 분야별 전문가들을 리스트로 만든 다음 직접 만나 의견도
들어보고 그들이 생각하는 뷰티 프로그램에 대해 들어보기로 했
다. 그들의 의견도 대부분 뷰티 클래스의 지루함에 대한 불만으

로 모아졌다. 제일 먼저 추천을 받은 곳은 요즘 청담동에서 가장 핫한 '순수'라는 숍이다. 무엇보다 그곳에서 관리를 받는 연예인들이 많다는 것은 디자이너들의 감각이 탁월하다는 것을 증명해주고 있기 때문이다.

순수의 메이크업 아티스트 수경 원장을 만나 자문을 구하는데 재미있는 이야기를 들었다. 자신이 '뷰티 클래스' 강의를 갈 때면 함께 가는 남자 아티스트가 있는데, 덩치도 크고 손이 망치처럼 뭉뚝해서 베이스 메이크업을 할 때 여성들의 얼굴이 휘청거린다는 것이다. 이 이야기를 흥미롭게 듣고 있던 나는 순간 번뜩이는 아이디어가 스쳐 지나갔다. 메이크업 아티스트들끼리 배틀을 하면 어떨까? 사실 유럽이나 미국에서는 클럽 같은 곳에서 빅 이벤트로 메이크업 아티스트들의 배틀 쇼가 종종 펼쳐지곤 한다. 수경 원장의 이야기처럼 실력 있고 외모와 말투의 캐릭터가 살아 있다면 충분히 재미 요소를 끌어낼 자신이 있었다. 그리하여 탄생한 코너가 '뷰티 빅매치'였다. 시즌이 진행되면서 걸그룹들의 메이크업 대결을 펼치는 '걸그룹 메이크업 빅매치'로 진화되어 온라인상에서 화제가 되기도 했다. 물론 〈스타뷰티쇼〉 빅매치 코너에 나와 '망치' 베이스 메이크업을 보여준 상민 원장 자신도 스타 아티스트가 되어 방송국에서 섭외 문의가 끊이질 않는다고 한다.

메이크업 아티스트들의 방송 출연은 콘텐츠의 개성과 신뢰도를 높여주지만 그보다는 아티스트들이 시연하는 제품의 브랜드와 연결성을 부각시키게 된다. 왜냐하면 메이크업 브랜드들은 신제품이 나오면 많은 숍의 아티스트들에게 시연을 부탁하고 자사 브랜드를 숍에서 판매해달라고 영업을 하기 때문이다. 실제로 헤어 제품이나 화장품을 사용하는 여성들이 숍에서 많은 정보와 추천을 받기 때문에 메이크업 아티스트들의 방송 출연은 훌륭한 마케팅 기법이 될 수 있다.

실제로 〈스타뷰티쇼〉 방송을 통해 노출된 브랜드가 꽤 많다. 사전 준비 단계부터 전문가 집단을 통해 전문성을 구축하다 보니 짧은 기간에도 불구하고 많은 마니아층을 확보할 수 있었고 또 브랜드의 참여를 손쉽게 이끌어낼 수 있었다.

메이크업 아티스트뿐만 아니라 피부과 전문의들을 섭외함으로써 화장품을 사용할 때 제품을 고르는 기준이 되는 피부 상태에 대해 정확한 정보와 솔루션을 제공했다. 그 이전에 다른 뷰티 프로그램들이 시도하지 않았던 차별점이었다. 화장의 본질은 그저 피부 위에 덧칠함으로써 자신의 단점을 숨기는 것이 아니라 궁극적으로는 피부의 건강과 깨끗함에 있기 때문에 피부과 전문의들의 역할은 매우 중요했다. 뾰루지 같은 피부의 트러블을 감추는 것보다 그런 피부 트러블이 생기지 않도록 평소에 관리할 수 있다면 화장으로 더 큰 만족을 얻을 수 있다. 즉 〈스타뷰티쇼〉는 일시적이고 표면적인 아름다움이 아니라 지속적이고 본질적인 아름다움의 비결을 찾기 위해 다양한 전문가들이 함께 만들어가는 프로그램이다.

글로벌 스타 섭외 비결

실용적인 정보 못지않게 〈스타뷰티쇼〉에 출연했던 스타들 자체가 많은 이슈가 되었다. 고소영, 김남주 등의 국내 최고 스타와 미란다 커, 바바라 팔빈 등의 해외 유명 모델, 웬디 로웨 같은 해외 유명 메이크업 아티스트 등이 출연했었다.

사실 프로그램 기획 단계에서 프로그램 신뢰도를 높여줄 전문가 집단, 그리고 온라인상에서 적극적으로 활동할 '뷰티스트'의 준비가 끝난 뒤 마지막 관건은 당연히 프로그램 타이틀에 어울리는 '스타 게스트' 섭외였다. 기존의 다른 뷰티 프로그램에서는 엄두도 내지 못할 정도의 무게감이 있는 스타들이었다.

우리는 먼저 청담동에 있는 숍 순수의 도움을 받아 국내 유명 연예인들의 축하 멘트를 받고 업계에서 유명한 제이 마뉴엘(〈도전 슈퍼모델〉의 원작에 출연하는 뷰티 디렉터)의 인터뷰를 받기 위해 그의 메일과 트위터에 섭외 글을 남겼다. 그러나 답신은 없었다. 보통 할리우드는 세계를 상대로 움직이기 때문에 개인적인 연락을 통해 섭외를 문의하는 것은 매우 어렵다. 그것을 알면서도 미친 척하고 보낸 것이다. 당시에는 그만큼 프로그램을 성공시켜야 한다는 생각이 간절했다.

간절히 원하면 이뤄진다고 했던가? 결국 시즌1 마지막 편에 제이 마뉴엘이 프로그램에 출연했었다. 엔프라니의 진동파운데이션 제품을 제이 마뉴엘 이름으로 런칭했는데, 홈쇼핑에 출시되면서 홍보를 위해 그가 직접 방한한 것이었다. 우리는 그 기회를 놓치지 않고 제이 마뉴엘을 최소한의 출연료로 〈스타뷰티쇼〉에 출연 시킬 수 있었다.

경쟁 프로그램을 연출하던 후배가 기사를 보고 내게 전화를 걸어왔다. 얼마나 많은 출연료를 내면 섭외할 수 있느냐가 묻기에 국내 스타 수준만 주면 된다고 했더니 믿지를 않았다. 하지만 정말 딱 그만큼만 주었다. 세계 최고의 스타라고 할지라도 최소한의 출연료로 프로그램에 출연시키는 것은 책에서 밝힐 수 없는 나만의 비밀이다.

굳이 힌트를 주자면 브랜드 마케팅과 관련 있는 그들의 방한 목적을 알고 상황에 맞는 프로그램을 기획하고 출연 제의를 하면 된다. 물론 중간에 다리 역할을 해주는 에이전시의 역할도 필요하다. 나는 '프로덕션 O'의 오은정 대표의 도움을 받았다.

'프로덕션 O'의 오은정 대표와의 만남은 향후 내게 많은 변화를 가져다주었다. 바로 글로벌 스타를 〈스타뷰티쇼〉에 출연시키고 다시 그것을 마케팅의 수단으로 활용하는 시스템을 만드는 계기가 되었다. 오은정 대표도 역시 처음에는 방송사나 대기업의 모델 섭외가 오면 단순히 연결해주는 데 그치지 않고 그것을 마케팅과 연계하는 새로운 비즈니스 모델을 만들 수 있었다고 기뻐했다. 결국 〈스타뷰티쇼〉의 스타는 프로그램을 빛내줄 뿐 아니라 브랜드와 연계한 스타 마케팅의 초석이 되었다.

걸그룹 메이크업 도전기

프로그램을 기획하면서 주안점을 둔 코너가 '빅매치'였다. 메이크업 아티스트가 동일 제품으로 다른 스타일의 콘셉트로 메이크업을 해서 뷰티스트 판정단의 평가로 승자를 가리는 형식이었다. 또는 헤어 아티스트가 나와서 헤어스타일 대결을 하는 구조다. 지루하고 일방적인 뷰티 클래스 방식에서 벗어나 초기에는 많은 주목을 받았고 많은 메이크업 비법들이 온라인에서 화제가 되기도 했다.

그러나 시즌이 계속 되면서 변화를 줄 필요가 생겼다. 무엇이든지 재밌는 거라도 변화 없이 오래 되면 지루해질 수 있다. 변화의 시점에서 계속 고민을 하고 있을 때 우리 눈에 들어 온 것이 있었다.

스타 토크를 진행하면서 여배우들과 걸 그룹들이 많이 참여하고 있었는데, 뷰티 토크의 백미인 스타의 파우치 공개에 시선이 머무를 수밖에 없었다. 걸 그룹들의 파우치 공개나 토크에서 공통점을 발견할 수 있었다. 걸 그룹의 경우 멤버들이 많다 보니 무대 올라갈 때 시간에 쫓겨 수정 메이크업을 전 멤버가 아티스트한테 직접 받을 수 없는 경우가 다반사라고 한다. 그래서 멤버 중 한 명은 꼭 메이크업을 잘하는 친구들이 있다는 것이다.

그 멤버의 파우치는 특별하다. 크기와 화장품 수량이 대단하다. 걸그룹 레인보우의 한 멤버는 기초, 색조 별로 파우치가 따로 있고 립밤 같은 경우는 자신이 직접 제조해 사용한다고 했다. 물론 메이크업 실력은 전문 아티스트들이 칭찬할 정도였다.

우리는 바로 걸 그룹 메이크업 아티스트 도전 코너를 만들어 테스트 해보기로 했다. 레인보우, 나인뮤지스, 쥬얼리가 참여를 했다. 방법은 멤버 중 가장 메이크업을 잘하는 친구가 미션을 받아 전문 숍에서 1주일간 교육을 받고 와 스튜디오에서 직접 메이크업 시연을 펼치는 것이다.

녹화를 시작해보니 예상했던 것보다 훨씬 수준 높은 결과가 나왔다. 방송 후 네티즌 수사대는 그녀들이 메이크업 시연을 할 때 사용한 제품들을 모조리 찾아내 블로그에 올렸다. 심지어 한 멤버가 시연했던 립스틱은 명품 브랜드였는데, 매장에서 그녀의 립스틱으로 불리며 많은 사람들이 찾았다는 후문이다. 시즌 3에 이런 테스트가 끝나고 자신감이 붙은 우리는 본격적인 걸 그룹 메이크업 '빅매치' 대결을 구상하기 시작했다.

걸 그룹 여섯 팀이 매주 미션 대결을 하면서 승부를 가리고 진 팀은 탈락하는 서바이벌 시스템으로 가기로 했다. 그룹들의 메이크업을 전담하는 숍의 원장들이 멘토로 참여하고 메이크업 전략을 짜주기 때문에 그룹간의 경쟁은 물론 보이지 않는 숍 간의 대결이기도 했다.

평가는 거의 뷰티 전문가 수준이며 메이크업 노하우가 많은 뷰티스트들이 담당했다. 대결의 결과는 그만큼 객관성을 확보하고 시청자들도 공감할 수 있어야 하기 때문이다. 녹화에 참여하지 못한 나머지 80여 명의 뷰티스트들 역시 카카오스토리로 중계되는 메이크업 현장을 보고 투표에 참여하므로 총 100명의 뷰티스트 판정단이 투표를 하는 시스템을 구축했다.

사실 여기서부터 홍보의 시작이다. 뷰티스트들의 투표 시스템을 이해한 걸 그룹들은 녹화 도중 쉬는 시간 내내 뷰티스트들과 함께 사진을 찍고, 자신들을 어필한다. 뷰티스트들은 걸 그룹과 촬영한 사진을 자신의 SNS나 블로그에 올린다. 이것은 거대 언론에서 내보내는 홍보기사와 같은 효과를 낸다.

대결에 참여한 몇 명의 출연자는 전문 아티스트들이 스카우트하고 싶다고 할 정도로 뛰어난 실력을 뽐냈다. 그렇게 전문가한테 인정받은 그녀들의 메이크업 비법은 포털 사이트에서도 유명세를 탔다. 레이나의 새싹 메이크업, 타이니지의 복숭아 메이크업, 써니데이즈의 천지창조 메이크업, 달샤벳의 며느리블러썸 메이크업이 대표적인 경우이다. 이런 유명세 덕인지 한 속눈썹 브랜드에서 타이니지에게 관심을 표명했다. 우리 프로그램을 통해 타이니지는 속눈썹 제품의 모델이 됐고 입소문이 퍼져 회사는 홍보효과를 톡톡히 보고 있다고 한다.

걸 그룹 메이크업은 2탄까지 총 11개 팀이 참여했다. 1탄의 우승자와 2탄의 우승자가 맞붙는 왕중왕전도 진행을 했다. 걸 그룹 메이크업 대결은 수많은 화제를 불러일으켰고 브랜드 모델까지 탄생시킨 성공적인 프로젝트가 되었다.

06

스토리텔링의 SNS 전도사, '뷰티스트'

요즘에는 PPL(간접광고)이라는 형식으로 드라마나 각종 TV 프로그램에 상표나 브랜드, 제품이 자연스럽게 노출된다. 방송 프로그램을 제작하는 데는 큰돈이 필요한데 그 비용의 일정 부분을 PPL 참여업체가 분담하는 구조이다. 그런데 단순히 프로그램에 특정 상품이나 브랜드가 노출되었다고 해서 그 상품의 매출이 폭발적으로 늘어날까?

'구슬이 서 말이라도 꿰어야 보배'라는 속담이 있다. 아무리 좋은 것이라도 쓸모 있는 것으로 엮을 줄 알아야만 그 가치가 있다는 뜻이다. 즉 프로그램이 아무리 좋고 잘 만들어졌다 해도 방송에 출연한 브랜드 제품의 마케팅에 도움이 되지 않는다면

<스타뷰티쇼>를 제작한 나의 보람은 헛된 것이 되고 만다. 나는 내가 만든 프로그램으로 인연을 맺은 브랜드와 제품, 스타와 뷰티스트 모두가 훌륭한 보석이라고 생각하고 그것을 잘 엮어내고자 혼신의 힘을 다했다.

내가 생각해낸 것은 그리 복잡하지 않다. 케이블 TV에서 방송되는 <스타뷰티쇼>라는 프로그램이 방송되는 시간 이후에도 온라인상에서 끊임없이 이슈가 되는 콘텐츠가 되기를 바랐다. 그러면 방송에 소요된 비용을 상쇄하고도 더 큰 마케팅 효과를 얻을 수 있다.

먼저 나는 사람들이 일상적으로 어떻게 인터넷 검색을 하는지 살펴봤다. 지하철이나 버스를 타고 다니는 사람들은 대부분 스마트폰으로 포털 사이트에 접속하여 인터넷 검색을 한다. 네이버의 최신 자료를 보면 2016년까지 모바일 광고가 30% 정도 점유율을 차지할 것이라고 예측하고 있다. 실제로 PC보다 스마트폰으로 인터넷을 사용하는 비율이 점점 늘어나고 있으며 모바일용 포털은 작은 화면에서도 편리하게 사용할 수 있도록 최적화되어 있다. 그래서 나는 SNS(페이스북, 트위터) 등은 보조 마케팅으로 활용하고 스마트폰 포털 사이트에서 검색하면 가장 먼저 노출되는 블로그를 메인 마케팅 창구로 활용하기로 했다.

소비자들을 만만하게 보는 시대는 지났다. 왜냐하면 스마트폰 이용자들의 대다수가 20~30대의 젊은 층으로 단순히 콘텐츠를 소비하는 데 그치지 않고 직접 생산하고 공유하는 세대이기 때문이다. 그들은 자신이 사용하는 제품을 통해 자신의 개성을 표현하고자 한다. 그들 사이에서 자발적으로 퍼져나갈 수 있는 콘텐츠를 만들어낸다면 가장 이상적인 마케팅 전략이 될 수 있다. 더욱이 블로그의 상세한 포스팅은 스마트폰을 통해 때와 장소에 구애받지 않고 더욱 빠른 속도로 전파될 수 있다는 장점이 있다.

이런 자료를 바탕으로 확실하게 20~30대 소비자층의 대변인, 즉 컨슈머 리포터(consumer reporter) 역할을 할 참여자들을 '뷰티스트'란 명칭으로 모집하고 프로그램 시즌별로 기수를 부여해 가지게 하고 적극적인 참여를 유도했다.

일단은 '뷰티스트'들을 모집하는 것이 시급한 과제였다. 가장 먼저 떠오른 것은 SBS 콘텐츠 허브의 홈페이지 담당자였다. 홈페이지 가입자 중 20~30대 여성 10만 명에게 EDMS(회원 중 20~30대 여성 가입자만 선별해서 메일링)로 정기적인 홍보 문서를 보낼 때 '뷰티스트' 모집 광고를 포함시켰다. 문서를 확인하는 비율은 상당히 높았다. 80% 정도가 메일을 읽었으며 그 중

몇 프로가 신청했는지는 확인되지 않았지만 처음 시작하는 프로그램이라는 점을 감안하면 상당히 큰 호응이었다. 시즌2를 시작할 때 뷰티스트 선발 경쟁률은 무려 640:1이었다. 매 시즌마다 100여 명의 '뷰티스트'가 활동하는데 매 기수마다 3~4명의 파워블로거들이 탄생했다. 〈스타뷰티쇼〉는 단순히 제작진과 출연진들이 만드는 일방적인 프로그램이 아니라 온라인상에서 활동하는 100여 명의 든든한 지원군들과 함께하는 프로그램이다.

지원서를 모두 직접 검토하고 지원자들 리스트를 작가들에게 넘기고 일대일 면접을 한 뒤 까다롭게 선발했다. 학생, 직장인, 주부 등 다양한 계층에서 폭넓게 선발했고 그들의 피부 타입까지 고려했다. 그러나 선발 기준 중 가장 중요한 점은 '블로그 활동을 얼마나 적극적으로 할 수 있느냐'였다. 왜냐하면 블로그 활동을 통해 콘텐츠의 공유와 브랜드에 대한 접근성을 높이고자 했기 때문이다.

이런 노력의 결과인지 시즌별로 뷰티 분야 파워블로거가 3~4명 정도 탄생했다. 다른 경쟁 뷰티 프로그램은 결코 흉내 낼 수 없는 〈스타뷰티쇼〉만의 장점이었다. 블로그에서 열정적으로 활동할 인원을 뽑고 관리하며 그들에게 동기부여를 한다는 것은 녹록치 않은 작업이다. 그들과 신뢰 관계가 형성되지 않으면 블로그 포스팅의 수준이 떨어질 수밖에 없다.

그렇다면 왜 기존에 잘 나가는 상업적 뷰티 파워블로거들을 활용하지 않은 것일까? 기존의 상업적 파워블로거들의 포스팅은 온라인상에서 노출효과는 크지만 그것이 실제 매출로 연결되는 경우는 극히 드물기 때문이다. 요즘 소비자들은 블로그를 보고 자발적으로 쓴 것인지 아니면 협찬이나 돈을 받고 쓰는 것인지 귀신 같이 알아낸다. 그래서 파워블로거 게시물은 눈에는 띄지만 실속은 없다.

프로그램 홈페이지에도 유입자 수를 늘리기 위해 뷰티스트들의 프로필 사진과 블로그 주소를 같이 링크해두었다. 그러자 놀랍게도 평소보다 2~3배 정도 방문자 수가 늘어났고 페이지 뷰 역시 2~3배 정도 증가했다. 이로 인해 프로그램 홈페이지에 있는 영상 콘텐츠와 브랜드 이미지 역시 노출에 따른 효과를 톡톡히 누렸다.

뷰티스트들의 블로그는 기본적으로 카카오톡, 트위터 등 SNS 활동뿐만 아니라 오프라인 상에서 강력한 '입소문' 역할도 담당했다. 전통적인 마케팅 기법은 광고주가 일방적으로 자신들이 필요한 메시지를 한 방향으로 소비자에게 전달하는 형태지만 입소문 마케팅은 기업이 아니라 소비자가 직접 메시지 전달자가 된다. 당연히 광고주의 마케팅 전략도 기업과 소비자 사이의 커뮤니케이션에서 소비자 끼리의 커뮤니케이션으로 바뀔 수밖에 없다.

대규모 광고와 스타를 전면에 내세운 광고 공세만으로 마케팅이 끝났다고 생각한다면 이미 트렌드에 뒤떨어진 것이다. 마케팅의 중심축은 소비자 사이의 커뮤니케이션으로 점점 분산되고 있다. 기존의 마케팅 기법은 통계학, 심리학 등 각종 이론적 틀을 활용해 언론매체나 광고가 기업이나 제품의 이미지를 어떻게 효과적으로 전달할지에 초점을 맞추었다. 하지만 지금은 소비자 사이에 오가는 내밀한 속삭임까지 다뤄야 하는 학문으로 그 영역이 넓어진 셈이다.

실제로 몇 해 전 여론조사기관 AGB 닐슨은 '한국 소비자들은 신문이나 TV, 라디오 같은 대중 매체 광고보다 입소문을 더 믿는 것으로 조사됐다'고 밝혔다. 특히 블로그를 비롯한 포털의 소비자 의견 신뢰는 세계 최고였다. 이것은 AGB 닐슨이 세계 47개국 소비자들을 대상으로 조사한 결과였다. 그런 현실을 반영한 것일까? 요즘 기업은 블로그로 깊숙이 들어가 바이럴 마케팅 활동을 열심히 하고 있다. 포털 등을 통해 제품에 대한 평가를 공유하려는 프로슈머(생산자를 뜻하는 producer와 소비자를 뜻하는

consumer의 합성어로 생산에 참여하는 소비자를 의미함)들이 많아지면서 기업들도 바이럴 마케팅에 주목할 수밖에 없다.

광고주들이 입소문 마케팅에 적극 나서고 있는 이유는 적은 비용으로 높은 홍보 효과를 누릴 수 있기 때문이다. 바이럴 마케팅은 불특정 다수를 겨냥한 텔레비전 광고 등과 달리 정확한 타깃층을 공략한다. 처음에는 주로 제품을 먼저 사용해보고 평가하며 광고주에게 제품 리뉴얼에 필요한 소비자 욕구를 전달하는 데 그쳤지만 최근에는 거기에 제품 홍보 역할까지 더해지는 추세이다. 그런 측면에서 보면 우리가 선발한 '뷰티스트'는 최고의 프로슈머이자 바이럴 마케터이다.

천편일률적 콘텐츠의 한계를 극복하라

100여 명이 되는 뷰티스트들의 활동을 모두 체크하면서 방향을 제시해야 하는 것은 보통 힘든 일이 아니다. 프로그램이 방송되는 날에는 카카오톡을 통해 '본방사수' 토크를 진행한다. 잠시라도 한 눈을 팔면 화면이 30페이지 정도는 넘어가 있다. 본방사수 토크를 통해 시청자 모니터링 효과와 제품에 대한 실질적인 피드백을 실시간으로 알 수 있다. 뷰티스트들의 지적은 정확하게 소비자들의 반응과 일치하기 때문에 브랜드나 프로그램 입장에서 좋은 팁을 얻을 수 있다.

또한 뷰티스트들은 아이디어가 술술 나오기 때문에 그들의 의견을 프로그램에 적극적으로 응용하기도 한다. 나는 그들의 주 활동 범위를 블로그로 정했다. 블로그의 포스팅은 자세하게 많은 정보를 표현할 수 있다. 그리고 블로그를 SNS와 연계하면서 전달속도와 파급효과를 극대화했다.

사실 SNS 마케팅의 확산은 빠르고 다양하게 진행되지만 많은 대중들은 이런 SNS 마케팅에 대해 피로도가 많이 쌓여 있는 상황이다. 결국 마케팅에서는 스토리텔링과 그것을 담아내는 콘텐츠의 힘이 가장 중요하다. 이런 역할을 수행하는 데는 블로그가 가장 적합하다.

대부분의 상업적인 파워 블로거는 브랜드에서 보내준 자료로 포스팅을 한다. 그래서 검색어 태그를 보면 비슷한 블로그들이 노출되는데 그곳을 방문해보면 천편일률적인 콘텐츠들만 있어서 상업적 냄새가 난다.

결국 차별화된 포스팅으로 경쟁력을 확보해야 한다. 브랜드에서 받은 제품으로 직접 시연을 하고 평가하며, 메이크업 과정 등을 자세히 담아 콘텐츠를 만들면 포털 사이트 메인 화면에 오를 가능성이 커진다. 이런 콘텐츠에는 자발적으로 사람들이 모여든다. 반대로 SNS나 블로그 마케팅을 진행할 때 경품을 걸거나 이벤트로 연결을 유도하는 경우가 있는데, 이런 것들로 모여든 사람들은 허수에 불과하다. 내가 아는 한 대행사 담당자는 프로그램을 띄우기 위해 포털 사이트에 게시된 영상물의 조회수를 인위적으로 올려봤지만 그 이상의 연결로 확산되지는 못했다. 그럼에도 불구하고 허울 좋은 숫자에만 목숨을 거는 브랜드나 블로거들이 상당수이다. 이렇게 일방적인 마케팅 공간으로 만들어버리면 그 브랜드에 대해 네티즌들은 피로도를 빨리 느끼게 되고 결국 매출로 이어지지도 못한다. 게다가 큰돈을 마케팅에 쏟아 부었는데도 브랜드에 대한 부정적 인식만 남기게 된다.

라보닉 코리아의 박재윤 대표는 온라인 마케팅에 일가견이 있는 분인데, 라보닉에서 직접 비용을 들여 바이럴 마케팅을 하는 것보다 〈스타뷰티쇼〉 뷰티스트들의 포스팅이 항상 블로그 메인에 오른다며 자사의 브랜드 선물세트를 뷰티스트들에게 나눠주고 포스팅을 해주면 안 되겠느냐고 요청하신다. 상당수의 브랜드들이 블로그와 SNS를 연계한 마케팅을 잘하지 못하고 있다. 이 둘이 잘 연계되면 마케팅의 시너지 효과를 가져올 수 있다.

진정성이 유일한 답이다

앞에서도 언급했지만 블로그나 SNS를 통한 바이럴 마케팅은 여러 가지 부작용도 낳고 있다. 이미 소비자들은 수많은 메시지에 노출되어 피로도가 높은 상태이므로 넘쳐나는 광고성 SNS 게시물에 대한 반응은 차갑기만 하다. 정치적 성향이 가득한 트위터는 점차 그 위력을 잃어가고 있으며 브랜드 마케팅 매체로서의 호감도도 점차 하강하고 있다. 페이스북은 너무나 많은 곳에서 '좋아요'를 공유하자고 하므로 그 피로도 또한 높다. 또한 블로그는 누가 봐도 너무나 상업적이라는 것이 문제다.

하지만 그렇다고 해서 블로그나 SNS 마케팅을 포기할 수는 없다. 블로그는 온라인 마케팅의 베이스캠프이며, SNS는 전초기지 역할을 수행하기 때문에 그 둘의 연계성을 높이면 그 효과를 극대화할 수 있다. 최근에는 카카오톡과 카카오스토리, 인스타그램 등 다양한 채널로 진화하고 있기 때문에 이들 매체도 적극적으로 활용해야 한다.

이런 다양한 마케팅 채널에서 소비자의 진심어린 관심을 얻으려면 진정성 있는 콘텐츠를 만드는 수밖에 없다. 소비자들은 영리하기 때문에 광고성을 띄거나 상업적인 글에는 반응을 하지 않는다. 논점에서 벗어난 예가 될지 모르겠지만 얼마 전 미국에서 이슈가 되었던 메이저리그 야구팀 캔자스시티 로얄스의 열성 팬 이성우 씨가 시사하는 바는 아주 크다. 한국인인 이성우 씨는 20년간 지구 하위권을 맴도는 로얄스 팀을 꾸준히 응원했다고 한다. 그리고 트위터를 통해 지역팬들과 연결되어 팀 응원을 해온 이씨는 이미 캔자스시티 팬들 사이에서 유명 인사였다. 또한 캔자스시티 로얄스의 선수들 사이에서도 그 존재가 알려져 있었다. '머나먼 아시아에서 꼴찌만 일삼는 우리 팀에 열광하는 팬이 있다고?'

그런 이씨가 트위터를 통해 팔로우한 친구들이 미국에 오면 숙식을 제공하겠다는 제안을 했다. 이씨는 그 친구들만 믿고 미국으로 향했는데 공항서부터 그는 이미 스타가 되어 있었다. 지역 방송국과 언론에서 취재 열풍이 불었고 이씨는 단 하루 만에 유명인사가 되었다. 캔자스시티 로얄스 구단은 발 빠르게 이성우 씨를 극진히 모셨고 그의 유니폼까지 상품으로 출시했다. 이런 소식이 미국 전역에 보도되어 구단은 앉아서 엄청난 홍보 효과를 얻었고 더불어 그 기간에 팀은 8연승을 질주했다.

이 사례에서 보았듯이 가장 중요한 것은 이성우 씨의 진정성과 그것을 연결해준 트위터의 힘이었다. 어떤 분야에서든 진정성은 상상 이상의 힘을 발휘한다. 나 역시 프로그램을 하면서 이런 면을 가장 중요하게 여기고 실천했다. 프로그램 트위터를 오픈해 항상 브랜드를 홍보하면서도 '억지성'을 항상 배제하고 '진정성'을 담보하기 위해 노력했다.

요일별로 뷰티스트를 소개하는 글과 프로그램 홍보기사 및 예고 동영상 그리고 매회 출연한 브랜드를 선물로 주는 이벤트로 트위터를 운영하면서 홍보하는 전략으로 운영했다. 블로그는 '뷰티스트' 전원과 서로 이웃이 되어 그녀들의 포스팅이 올라오면 새벽에라도 포스팅에 댓글을 달아주었다.

이것은 두 가지 효과를 가져왔다. 먼저 지나치게 상업적이거나 포스팅이 잘못되어 문제의 소지가 될 만한 것을 사전에 방지할 수 있었다. 글에 문제가 있으면 바로 댓글과 쪽지로 연락을 해 수정하도록 했다. 두 번째는 담당 프로듀서가 직접 댓글을 달아주면 '뷰티스트'들이 블로그 포스팅에 좀더 적극적으로 나서게 된다. 무엇보다 우리는 일반적인 파워블로거들과의 차별성을 최우선으로 삼고 블로그 프로젝트를 진행해갔다. 다른 파워블로거들의 댓글과 '뷰티스트' 블로거들의 댓글을 비교분석하며 포스팅의 방향을 정해나간 것이다. 사실 〈스타뷰티쇼〉 성공의 1등 공신은 블로그와 SNS를 연계한 뷰티스트의 활동 시스템이라고 해도 지나친 말이 아니다.

07

뷰티스트, 단순한 서포터즈를 넘어서다

주요 화장품 브랜드들은 마케팅 기획에 따라 여러 계획을 세우고 운영한다. 그 중 소비자들을 선발하여 브랜드의 '서포터즈'로 활용한다. 브랜드별로 약간의 차이가 있고 명칭도 조금은 다르지만 대부분 하는 역할들은 비슷하다.

대부분 실제 소비자 연령층에 맞추어 계획을 세운다. 4~5년 이상 꾸준하게 대학생 홍보 대사 프로그램을 운영하는 브랜드는 에뛰드나 이니스프리 등이 있다. 그렇지만 베네피트는 직업에 상관없이 20세 이상의 여성을 대상으로 브랜드 커뮤니티를 운영하는 브랜드 중 가장 오래되었고 회원 수도 많다. 또한 이런 홍보대사 프로그램도 9년 넘게 운영해오고 있다. 베네피트의 서포터즈 마케팅에는 스토리텔링 요소가 있고 지속적으로 진행된다는 점에서 후한 점수를 주고 싶다.

그러나 일반적인 브랜드의 서포터즈는 대부분 여대생들로 구성되어 있고 일정 기간만 활동한다. 브랜드에서 기획한 커리큘럼에 맞춰 활동을 하며 브랜드에서 출시되는 신제품의 평가 및 홍보 역할도 한다. 이런 서포터즈는 브랜드별로 조금은 차이가 있지만 주요 활동은 비슷하다. 일단 서포터즈가 되면 그 회사를 방문해 사내 분위기도 체험하고 신제품을 먼저 사용하며 테스트 해볼 수 있는 특권이 있다. 또한 브랜드 마케팅 방향에 대한 토의를 통해 아이디어도 낼 수 있고 화장품에 대한 정보 교환 및 인맥을 넓히는 계기도 될 수 있다.

하지만 서포터즈는 연속성이 거의 없다. 아마도 이것이 가장 큰 단점일 것이다. 그렇다면 일반적인 서포터즈에서 아이디어를 얻어 만든 〈스타뷰티쇼〉의 뷰티스트는 어떠한가? 화장품에 관심이 많은 여성들을 대상으로 한다는 것은 같다. 하지만 가장 큰 차이는 방송에 출연하는 것과 블로그 활동을 기본으로 해야 하는 것이다. 그리고 전체 카카오톡으로 같이 본방사수를 하며 기본적인 의견 교류를 지속적으로 한다는 것이다. 이런 과정을 통해 자신들의 블로그 역량도 높이고 프로그램에 대한 참여도를 높게 한다. 결국 이런 요소들은 브랜드의 블로그 마케팅에 많은 도움이 된다. 그리고 가장 큰 차이점은 활동의 연속성에 있다. 나는 브랜드의 일반적인 서포터즈의 연속성이 단절되어 충성도가 떨어진다는 점을 고려해 매 시즌마다 우수한 뷰티스트들을 선별해 다음 시즌에도 활동할 수 있도록 했다.

뷰티스트들의 활동 중 가장 주안점을 둔 것은 그들의 블로그 활동이다. 처음부터 블로그 활동을 하지 않았던 사람들도 프로그램에 참여하면서부터는 블로그 활동을 시작해야 한다. 스튜디오에서 촬영한 모습이나 선물 받은 제품들의 포스팅을 꾸준히 올리면서 화장품 블로그로서 점차 그 위력을 발휘하기 시작했다. 매 시즌 1일 방문자 500명 이상 기록하는 뷰티스트가 십여 명, 천 명 이상 기록하는 블로거도 3~4명 정도는 꾸준히 나왔다.

우리 프로그램에서 늘 표본이 되고 있는 파워블로거인 서자영씨가 바로 그러하다. 그녀는 시즌3에 처음 참여했는데 꾸준히 포스팅을 했고 통계를 통해 유입되는 유저들의 속성까지 분석하며 블로그에 글을 올렸다. 그리고 가장 중요한 것은 자신만의 살아 있는 콘텐츠를 만들어냈다는 것이다.

상업적이지 않고 진정성이 있는 화장품 매니아 블로거인 그녀는 하루 방문자가 거의 만 명 가까이 된다. 이제는 화장품 브랜드나 블로그 바이럴 대행사 사이에서도 그녀의 블로그는 유명하다. 또한 명품 브랜드들도 그녀에게 서포터즈 활동과 블로그 포스팅을 의뢰할 정도이다.

블로그 마케팅, 스펙이 되다

많은 브랜드들이 블로그를 통해서 바이럴 마케팅을 한다. 당연히 파워 블로거들의 입김은 더 세지고 대중들에게 미치는 영향력도 커지고 있다. 나 역시 프로그램을 하면서 블로그 마케팅 시스템을 구축해왔고 긍정적 효과를 얻었다. 하지만 여기서 이야기하고 싶은 것은 이런 바이럴 효과에 관한 이야기가 아니다.

취업을 앞둔 대학생이나 전업 주부들이 블로그를 잘 활용하면 자신의 취업 스펙이나 새로운 창업에도 도움이 될 수 있다는 것을 이야기하고 싶다. 실제로 내가 만나본 다양한 화장품 브랜드에서는 마케팅 방법이 제한적이다. 회사 규모에 따라 약간의 차이가 있지만 대부분 바이럴 마케팅은 아웃소싱으로 진행을 하는 경우가 많다.

때문에 담당자들이 바이럴 마케팅의 체계적인 진행과 SNS를 활용하는 작업에 많은 노하우를 가지고 있지 못하다. 브랜드 홍보 담당자들과 이야기를 나눠본 결과, 자신이 인사담당자라면 블로그 마케팅을 직접 경험했거나 파워블로거의 경력을 가진 여성을 최우선적으로 채용하겠다고 한다. 실제로 'B' 브랜드의 이사는 해당 브랜드에서 사원을 채용하는 공고를 냈는데 〈스타뷰티쇼〉의 뷰티스트들도 지원하도록 홍보를 부탁한 적이 있다. 또한 신규 브랜드나 중소 브랜드가 홍보 담당자를 채용할 때 〈스타뷰티쇼〉의 '뷰티스트'들을 추천해달라는 제안도 자주 받곤 한다.

'L' 브랜드의 대표님은 실제로 자사가 온라인 유통 브랜드라서 주로 온라인 바이럴 마케팅을 진행하는데, 자체적인 비용으로 바이럴 마케팅을 진행해도 〈스타뷰티쇼〉의 '뷰티스트'들의 블로그을 이기지 못한다고 한다. 그래서 선물을 '뷰티스트'들에게 나눠주고 바이럴 마케팅 진행을 요청하기도 한다. 더욱 놀라운 사실은 그 브랜드는 온라인 마케팅을 전문적으로 몇 년 동안 진행해왔고 그 인프라도 다른 브랜드에 비해 잘 구축되어 있다는 점이다.

80~90년대 잘 나가던 브랜드들의 흥망성쇠를 보면, 영업에 무게를 두고 성장 전략을 세운 브랜드와 브랜드 개발과 마케팅에 전략을 세운 브랜드의 명암은 확연하게 드러난다. 그만큼 트렌드에 민감한 업종이 화장품이기 때문에 이런 시대적 흐름을

잘 파악하고 마케팅 전략을 세우는 것이 무엇보다 중요하다.

결국 지금의 대세는 바이럴 마케팅이다. 그렇기 때문에 블로그 마케팅을 직접 진행해봤고 파워블로거가 되었다면 취업할 때 이것만큼 좋은 스펙이 어디 있겠는가? 단지 화장품이 좋고 관심이 많아서 블로그 활동을 해왔는데 그것이 취업에도 도움이 된다면 굳이 다양한 스펙을 쌓기 위해 휴학을 반복하는 비생산적인 일은 줄어들 것이다. 또한 채용하는 회사 입장에서는 검증된 인재를 얻으니 업무의 효율성도 생기고 인적 자원의 리스크를 줄일 수 있어서 서로에게 좋은 일이다.

스타뷰티쇼, 아시아를 누비다

〈스타뷰티쇼〉가 처음 기획될 때 '아시아 뷰티 트렌드세터 프로그램'이라는 목표를 가지고 시작했다. 앞으로 K-팝의 확산에 따라 당연히 걸 그룹들의 메이크업을 따라하는 여성층들이 생길 것이고 화장품 브랜드들의 아시아 시장 진출이 확장되고 있다는 데서 착안한 기획이기 때문이다. 아시아 시장의 잠재력은 무궁무진하고 한류 붐이 일어나 한국 문화와 콘텐츠에 대한 관심도가 높은 시점이어서 타이밍이 적절했다.

사실 일본과 홍콩 뷰티 투어를 촬영할 때만 해도 바로 아시아 시장에 〈스타뷰티쇼〉가 바로 진출할 수 있을 것 같았다. 그렇지만 여건이 쉽게 허락되지는 않았다. 중국 같은 경우는 이미 수많은 뷰티 프로그램들이 생겨나고 있었고 대만 역시 자신들의 시장이 좁기 때문에 대만을 중심으로 프로그램을 제작하려는 니즈가 없었다.

그래도 시즌1때 일본과 홍콩 뷰티 투어를 제작하면서 해외 스타들도 출연시켜 프로그램의 재미적 요소를 확보하기 위해 노력했다. 경쟁 프로그램이 갖추지 못하는 것들을 우리 프로그램의 강점으로 키우고 싶었다. 더불어 편성팀과 함께 디테일한 프로그램 포맷 바이블을 제작하여 해외 각종 콘텐츠 마켓 등에 꾸준히 나갔다. 많은 노력에 대한 반응은 시즌3부터 나타났다. 캄보디아 지상파 Hang Meas TV에서 프로그램 포맷을 구입했다. 비록 작은 금액이지만 뷰티 프로그램 최초로 포맷 판매였으며 동남아시아에 한국 뷰티 프로그램이 똑같이 만들어진다는 것은 아주 큰 쾌거였다. 포맷이 판매되니 바로 태국 위성 PPTV에서 시즌1부터 시즌3까지 총 51편의 콘텐츠를 구입해 방영하기로 계약을 했다.

이제는 중국, 홍콩 쪽에도 계속 콘텐츠에 관심을 보이고 있으며 콘텐츠와 포맷이 수출되면 더불어 K-뷰티의 아시아 영향력을 더욱 확대할 수 있을 것이다. K-팝이 아시아 무대에서 한류 바람을 일으키고 그 영향으로 K-뷰티를 따라하는 아시아 여성들이 많다는 사실을 결코 가볍게 여겨서는 안 된다. 앞 다퉈 아시아 시장으로 진출하는 화장품 브랜드들이 늘어나고 있는 상황을 빨리 읽어내고 걸 그룹과 여배우들의 파우치 공개와 걸그룹 메이크업 빅매치 등 스타를 전면에 내세운 〈스타뷰티쇼〉가 다른 경쟁 프로그램보다 K-뷰티의 경쟁력 강화에 이바지하고 있는 것이다.

세계 100대 화장품 기업

〈스타뷰티쇼〉를 시즌4까지 하면서 정말 많은 화장품 브랜드를 만났다. 회당 세 개 정도의 브랜드가 노출되었으니 어림잡아도 200여 개의 브랜드를 출연시켰고 브랜드 미팅을 포함하면 대략 300여 개가 넘는 브랜드를 만나봤다. 그 중에는 글로벌 브랜드, 국내 대기업 브랜드, 로드숍 브랜드. 홈쇼핑 브랜드. 중소기업 브랜드. 해외에서 라이선스를 가져와 유통하는 브랜드, 온라인 판매 브랜드도 있었다.

　화장품 브랜드 숫자가 거뜬히 수천 개는 넘고 LG생활건강에서만 해도 빌리프, 프로스틴, 보브, VDL, 필로소피를 필두로 현재 우리나라에서 핫한 여자 연예인들이 모델로 출연한 오휘, 숨, 이자녹스 등이 모두 한 회사 제품이라는 사실이 믿어지는

가? 또 명품 글로벌 브랜드인 로레알의 브랜드들은 어떠한가? 입생로랑, 조르지오아르마니, 슈에무라, 키엘, 비오템, 랑콤 등 여성들이 환호할 만한 브랜드들이 즐비하다.

그만큼 제품이 많다는 것은 경쟁도 치열하다는 방증이다. 이렇다 보니 해외에서 좀 더 유명한 브랜드와 덜 유명한 브랜드가 같이 한국에 들어오는 경우도 있다. 그 중 본사에서 직접 마케팅과 판매를 맡는 브랜드는 한국에서 유명세를 얻고 빨리 자리를 잡는다. 반대로 라이센스를 들여와 한국에서 직접 판매와 마케팅을 관리하는 브랜드는 한국에 들어온 지 몇 년이나 지나도 소비자들에게 잘 각인이 되지 않는다. 그 이유는 경쟁이 치열한 화장품 시장에서 마케팅을 잘하지 못하기 때문이다.

그런 시장 상황에서 〈스타뷰티쇼〉의 존재감과 역할은 분명했다. 한 온라인 판매 브랜드는 〈스타뷰티쇼〉에 출연한 이후 오프라인으로 진출해 백화점과 면세점 그리고 동남아 시장까지 진출하며 승승장구하기도 했다.

그렇다면 세계에는 얼마나 많은 화장품들이 있을까? 미국의 패션·미용 전문 일간지 WWD는 매년 흥미로운 조사결과를 발표한다. 바로 '세계 100대 화장품 기업 순위' 결과다. 몇 군데서 이런 결과들을 발표하지만 가장 공신력 있고 인정받는 자료가 바로 WWD이다. WWD는 유럽, 남미, 북미, 아시아 등 세계 4대 시장 중 적어도 두 개 이상 대륙 이상에 판매망을 보유한 기업 제품 가운데 향수, 색조화장품, 기초제품, 썬크림 제품, 헤어 제품 등 순수 화장품의 매년 1월 1일부터 그해 12월 31일까지의 매출을 바탕으로 순위를 매긴다. 비누, 면도기, 치약, 영양제, 식이요법 제품, 의약품, 비타민, 세척제는 순위 집계에서 제외한다. 왜냐하면 화장품 기업 중에는 피앤지(P&G)나 LG생활건강처럼 보통 생활용품도 만들어 판매하는 곳이 있기 때문이다.

2013년에 발표된 자료에 따르면, 1위는 로레알(프랑스)이 차지했다. 입생로랑, 조르지오아르마니, 랑콤, 비오템 등 기초와 색조제품이 강세다. 2위는 유니베라(영국)인데, 유니베라는 럭스, 폰즈, 바세린, 도브 등이 우리에게 익숙하다. 주로 기초나 색조보다는 샴푸와 린스 등의 헤어제품과 보디제품에 강하다. 3위는 피앤지(미국)가 선정되었다. 피앤지는 우리에게 잘 알려진 SK-II와 구찌, 휴고보스, 라코스테의 기초 및 색조 화장품과 팬틴 샴푸, 헤드&숄더, 비달사순 등 헤어용품 그리고 질레트가 유명하다.

그밖에 에스티로더(미국), 시세이도(일본), 에이본(미국), 카오그룹(일본), 바이어스도르프(독일), 존슨&존스(미국), 샤넬(프랑스),

LVMH(프랑스), 코티(미국), 헨켈(독일), 리미티드브랜즈(미국), 콜케이트팜 올리브(미국), 나투라코즈메티쿠스(브라질), 아모레퍼시픽(한국), 메리케이(미국), 알티코어(미국), 이브로셰그룹(프랑스)가 20위까지의 화장품 기업이다.(출처: 2013년 WWD 발표)

우리나라 기업 중에는 아모레퍼시픽(17위), LG생활건강(28위), 미샤로 유명한 에이블씨앤씨(56위)가 올라와 있다. 2013년 국내 화장품 업계의 국내 매출은 하락세였다. 그렇지만 해외 수출은 20% 이상 늘었다고 한다. 그만큼 K-뷰티의 위상이 높아지고 인기와 경쟁력을 갖추었다고 한다.

그런데 1998년 10월 8일 매일경제 기사에는 당시 WWD에서 발표한 100대 화장품 기업이 소개되어 있는데, 그 중 국내 브랜드는 태평양(현 아모레퍼시픽)을 포함해 총 7개 업체였다.

태평양(31위), LG생활건강(38위), 코리아나(42위), 한국화장품(57위), 나드리(60위), 피어리스(63위), 쥬리아(66위) 중 2013년에도 100위권을 기록한 곳은 태평양(아모레 퍼시픽)과 LG생활건강뿐이다.

이것은 무엇을 말하는 것일까? 2013년 해외 수출의 증가, 해외 방문객이 구입한 물품 1위를 차지한 품목이 화장품인데 말이다. 국내에서 최고는 의미가 없다는 것이다. 품질과 마케팅으로 글로벌 시장을 주도해야 치열한 생존 경쟁에서 살아남을 수 있다. 오늘의 1등이 내일의 1등 브랜드가 저절로 되는 것은 아니다.

앞에서 언급 했듯이 해외 브랜드가 똑같이 국내에 진출해서도 어떻게 마케팅 전략을 세우고 진행하느냐에 따라 소비자의 선택을 받을 수도 있고 철저히 외면당해 역사 속으로 사라질 수도 있다.

K-팝의 영향으로 K-뷰티가 저절로 해외 진출을 할 것이라고 안이하게 생각해서는 안 된다. 브랜드에서는 현지에 맞는 제품군을 선별하고 디자인과 품질 그리고 스토리텔링이 있는 마케팅 전략으로 철저하게 준비해야 한다. 제품만으로 해외 시장을 공략하는 것은 어려우므로 자연스럽게 콘텐츠와 함께 움직여야 한다. 이것이 〈스타뷰티쇼〉를 해외로 진출시키고 현지 방송국과 크로스 제작을 시도하려는 이유다. 나는 좀 더 아시아 시장에 K-뷰티를 알리는 첨병 역할을 하고 싶다. 몇 년 후 발표되는 WWD의 세계 100대 화장품 기업에 K-뷰티 브랜드가 10개 정도 랭크되었으면 하는 작은 바람이 있다.

브랜드에 감성을 입혀라,
뷰티 스토리텔링

2부

01

마케팅은 시대적 환경을 따라야 한다

요즘 뷰티 프로그램이 다양하게 생겨나고 있다. 온스타일 채널의 〈겟잇뷰티〉 이후 많은 뷰티 프로그램이 생겨나고 있다. 왜 그럴까? 이것은 브랜드의 마케팅 욕구와 환경의 변화에서 기인한 것이다. 화장품 브랜드들의 초창기 마케팅 툴은 스타를 모델로 앞세운 TV 광고와 비용이 좀 더 저렴한 매거진이었다.

80년대와 90년대 대표적인 여성 잡지인 〈여성중앙〉과 〈레이디경향〉 등에는 예쁜 서양 모델들의 속옷 광고와 당대를 대표하던 스타들의 화장품 광고가 멋들어지게 실리곤 했다. 그 당시에는 주로 한국화장품, 코리아나, 태평양(현 아모레퍼시픽)이 가장 잘나가던 화장품 브랜드였다. 80~90년대에는 문화 콘텐츠들이 부족하고 패션이나 뷰티, 스타일에 대한 내용을 대부분 잡지를 통해서 얻었기 때문에 여성 잡지는 브랜드에게 '갑'과 같은 존재였다.

그러나 케이블이 등장하면서 스틸 컷으로 보여주던 메이크업 방법을 동영상으로 직접 시연해주고 제품에 대한 정보를 다양하게 전달하게 되면서 TV 뷰티 프로그램이 마케팅 수단의 중심에 서게 되었다. 이런 마케팅을 더욱 극대화시킨 것은 스마트폰의 발달이다. 스마트폰은 언제 어디서나 장소와 시간에 구애받지 않고 원하는 콘텐츠를 제공한다. 그래서 모든 뷰티 프로그램들이 네이버나 다음 등 포털 사이트에 동영상을 클립별로 올려놓는다. 이제는 일방적으로 전문가가 가르쳐주는 지루한 방식의 메이크업 강의보다 자신의 방법과 새로운 시도들을 쌍방향으로 주고받고 스타일 팁에 대해 교류하는 시대적 상황이 펼쳐진 것이다.

실제로 아모레퍼시픽은 최초로 스마트폰 앱을 통한 마케팅을 시작했다. 바로 헤어스타일 트렌드를 제안하는 앱인 '퍼스널라이즈드 스타일리시'인데 무료로 서비스하고 있다. 헤어 제품 브랜드인 미장센의 마케팅을 스마트폰에 접목시킨 것이다. 이 앱에서는 광고 모델의 헤어스타일 화보와 동영상 콘텐츠를 감상할 수 있고 헤어스타일 연출법도 제공한다. 또 이니스프리는 '아이 파우치'라는 앱을 선보였다. 여기서는 매장 찾기 서비스, 전문 가들의 뷰티 조언 등 다양한 모바일 서비스를 경험할 수 있다.

이런 트렌드에 발맞추어 〈스타뷰티쇼〉 역시 모바일 앱을 서비스했다. 그저 구색 갖추기용이 아니라 TV에서 방송된 콘텐츠를 기반으로 해야 더욱 효과를 볼 수 있다. 요즘 네이버에서 '뷰티밋츠', '순식이 헤어TV', '헐쇼' 등 온라인에 기반한 뷰티 관련 영상 매체들이 다양하게 생겨나는 것도 이와는 무관하지 않다. 이런 환경에서 더욱 살아남기 위해서는 단순한 보여주기 프로그램만으로는 안 된다. 가장 중요한 차별점은 '어떻게 스토리텔링을 풀어가느냐'이다. 소비자들을 상품으로 유인하는 것이 아니라 이야기로 먼저 유인한 다음 그 속에서 자연스럽게 상품을 노출시키는 것이다.

02

품격에 품격을 더하다 :
입생로랑의 한국시장 재진출

현대 패션에 가장 큰 영향을 미친 디자이너 코코 샤넬과 함께 패션계의 진정한 천재로 불려도 손색이 없는 디자이너 이브 생 로랑(Yves Saint Laurent)은 자신의 이름을 브랜드명으로 사용했다. 샤넬과 입생로랑 모두 패션에서 시작된 브랜드 히스토리를 가지고 있다.

입생로랑은 설명할 필요 없이 여성들이 가장 선호하는 명품 브랜드 중 하나이다. 여기서 잠깐 입생로랑의 히스토리를 살펴보자. 어떤 브랜드라도 오랜 역사와 전통이 있다면 그건 최고의 스토리텔링 재료가 된다. 입생 로랑은 천재적인 패션 디자이너 이브 생 로랑(1936~2008)이 만든 브랜드다. 올해 초 그의 영화가 개봉되기도 했다. 그만큼 입생로랑은 전 세계 여성들에게 사랑받는 브랜드이다. 입생로랑은 1960년대 향수 런칭부터 시작되었다. 과감한 컬러감과 고급스러운 골드케이스가 인상적이다. 자신감이 넘치며 자유로운 아름다움이 파리지엔의 우아함을 표현해 패션부터 뷰티까지 연결되는 브랜드다.

입생로랑의 대표 화장품으로는 20여 년간 뷰티 셀러브리티들과 세계 여성들에게 사랑받아온 립스틱, 립글로스 올인원 화장품인 루쥬 뷔르 꾸뛰르 베르니 아 레브르가 있다. 이런 명품 브랜드인 입생로랑이 한국에서 철수했다가 4년만인 2012년 9월에 한국을 다시 찾았다. 〈스타뷰티쇼〉와의 인연은 여기서 시작되었다.

시즌1을 진행할 때 우리는 뷰티 분야 초보였지만 고맙게도 명품 브랜드와 스타들이 우리 프로그램을 꾸준히 찾아주면서 지명도를 끌어 올리고 있었다. 그때 입생로랑의 홍보담당 김서희 차장을 만나게 되었다. 첫 만남 이후 매 시즌별로 꾸준히 입생로랑과 파트너십으로 진행했고 방송에 소개되는 제품의 인지도를 더욱 끌어올려 돌풍을 이어갔다. 그 당시 김서희 차장은 W호텔에서 입생로랑의 한국 재런칭쇼 준비를 마치고 많은 스타와 기자들을 초청하는 언론홍보 전략을 세우고 있었다. 거기에는 입생로랑의 메이크업 크리에이티브 디렉터인 로이드 시몬즈의 뷰티 클래스와 일간지 인터뷰도 포함되어 있었다.

사실 입생로랑은 참 어려운 브랜드다. 대부분 명품 브랜드들이 그렇지만 SNS 이벤트, 마케팅을 거의 하지 않는다. 그러다 보니 케이블 뷰티 프로그램에 출연하는 것도 처음에는 '잘하는 짓'인지 자신이 없었다. 여하튼 실제로 마케팅을 접목해서 홍보를 하는 방향보다는 입생로랑의 아름다운 컬러감을 스튜디오 조명에서 더욱더 빛나게 표현해주는 것과 런칭쇼의 현장감을 살려 입생로랑이라는 브랜드가 다시 한국 시장에 돌아왔다는 것을 최대한 노출하고자 했다.

이런 기본적인 프로그램 제작 방향에 대해 김서희 차장과 논의를 했는데, 그녀는 여성들의 일상에서 지루함을 떨쳐내고 화려하고 과감한 색채로 변화를 주는 스토리텔링을 제안했다. '파리지엔 팜므파탈 클래식 메이크업'. 파리의 낭만과 예술 그리고 설레는 여행을 떠나고 싶은 기분이 들게 만들자는 것이었다. 그런 의미에서 과감하면서 예술적이고 매혹적인 메이크업을 보여주는 '파리지엔 팜므파탈' 콘셉트를 선택한 것이다.

이것은 입생로랑의 컬러감과 일맥상통한다. 피부는 화사하고 자연스럽게 광채가 나지만 아이나 립은 강한 색감으로 시크하고 유혹적으로 표현한다. 김서희 차장의 니즈에 맞춰 망치 베이스로 명성과 인기를 구가하고 있던 상민 원장과 수경 원장이 입생로랑의 제품들로 서로 다른 메이크업 콘셉트로 스튜디오에서 시연하기로 했다.

상민 원장의 '파리지엔 팜므파탈 클래식 더하기 빼기 메이크업' 비법을 간단히 소개하겠다. 이것은 눈에 색감은 더하고 피부 표현은 얇게 광채 나게 빼고 얼굴선에 빛을 더해 볼륨감 살려주는 비법이다. 스킨 메이크업은 탑 시크릿 골든 크림으로 빛나는 피부결로 정돈해준다. 붓 타입의 하이라이트(일명 매직펜)로 얼굴의 그늘진 주름의 흔적 및 칙칙함을 환하게 밝혀준다. 이마와 콧등, 턱을 매직펜으로 밝혀준다. 두 번째로 아이 메이크업은 블랙 아이라이너로 점막을 채워준다. 그리고 네이비 섀도로 아이라이너 위를 덧바른다. 그 위에 바이올렛 브라운 섀도를 덧발라 입체감을 준다. 그런 다음 섀도에 물을 섞어 섀도와 비슷한 톤의 아이라이너를 만들어 점막을 채워준다. 언더에는 브라운 섀도를 베이스로 발라 깊이를 더해준다. 언더 점막은 네이비 섀도로 채워준다.

이 영상과 수경 원장의 뷰티 팁을 보고 싶다면 네이버 TV캐스트에서 스타뷰티쇼 시즌1 14회 편을 찾아보라. 이 메이크업

입생로랑 매직펜 뚜쉬 에끌라

은 대부분 입생로랑의 제품들로 시연을 했다. 나는 김서희 차장에게 스튜디오 녹화 현장에 꼭 와달라고 했다. 사실 그녀에게 SBS 제작센터 스튜디오 세트의 화려함 그리고 메이크업을 더욱 아름답게 해주는 조명을 자랑하고 싶었다. 우리도 입생로랑 못지않게 명품 뷰티 프로그램인 것을 확인시켜주고 싶었다. 녹화 내내 그녀는 꼼꼼히 체크하면서도 아주 만족해했다. 한국 시장에서 철수했다가 4년 만에 다시 런칭 하는 브랜드의 마케팅을 진두지휘하는 그녀의 긴장감과 부담감을 옆에서 느낄 수가 있었다. 나는 그녀를 살펴보면서 명품 브랜드들의 전략을 배우면서 브랜드가 〈스타뷰티쇼〉의 위상을 어떻게 높여주는지 실감하고 있었다.

방송이 나가고 나서 입생로랑의 매직펜이 대박을 쳤다. 폭발적인 반응이 이어졌다. 매직펜은 내가 봐도 디자인이 럭셔리하고 좋은 제품이다. 베이스, 하이라이터, 컨실러를 하나로 담은 매직펜 뚜쉬 에끌라는 20년 동안 톱 메이크업 아티스트들이 애용해온 동시에 세계 톱 모델과 배우들, 에디터들, 전 세계 여성들의 사랑을 한 몸에 받아온 '머스트 해브 아이템'으로 입생로랑의 베스트셀러 제품이다. 매직펜은 일종의 컨실러라고 말할 수도 있다. 피부톤 별로 5가지 색상으로 출시됐으며 용량은 2.5ml이고 가격은 4만 5천 원대 정도이다. 입생로랑 탄생 20주년을 기념해 2012년 새롭게 리뉴얼된 제품이다. 매직펜은 얼굴의 그늘진 곳과 주름의 흔적, 피곤으로 드리워진 피부의 칙칙함을 지워 하루 종일 얼굴을 환하게 밝혀주는 데 도움이 된다. 내가 첫 경험을 한 입생로랑의 매력적인 제품이었다. 입생로랑의 또 하나의 매력은 럭셔리하고 아름다운 디자인이다. 모

든 제품의 디자인 자체가 하나의 예술품 같아 파우치에 입생로
랑 제품을 가지고 있는 것만으로도 품격이 올라가는 듯한 생각
이 들게 한다. 그래서 많은 여성들이 입생로랑을 사랑하는 것이
다. 김서희 차장의 전략처럼 메이크업 아티스트의 시연으로 컬
러감과 아름다운 메이크업의 완성은 그 자체로 입소문을 내기에
충분했다. 그렇게 입생로랑의 한국시장 재진출은 성공적인 출
발을 하게 되었다.

03

미란다 커를 만나다 :
입생로랑의 틴트

입생로랑의 첫 런칭이 잘 마무리되고 얼마 지나지 않아 다시 입생로랑에서 연락이 왔다. 김서희 차장은 해외 셀러브리티와 같이 진행해보고 싶다고 했다. 종이매체인 잡지를 통한 홍보와 광고도 꾸준히 진행하면서 TV 뷰티 프로그램을 통해 지속적으로 노출하겠다는 전략이었다. 물론 다른 브랜드들도 국내 스타의 화보 촬영과 프로그램의 협찬 모델로 등장하는 것은 일반화되어 있다. 이런 기법을 잘 활용하는 브랜드들이 있긴 하지만 아마 〈스타뷰티쇼〉와 만나 해외 셀러브리티와 같이 진행한 경우는 로레알 파리의 바바라 팔빈처럼 브랜드 모델이 아니라면 그리 흔하지 않다. 하고 싶어도 비용과 네트워크가 없어서 진행하기 쉽지 않기 때문이다.

나는 이런 상황을 역이용하여 국내 연예인 출연료보다 적은 금액으로 브랜드와 함께 진행하는 방식을 선택했다. 그리고 인적 네트워크를 구축해 지속적으로 프로젝트를 진행할 수 있도록 했다. 사실 국내 연예인 모델들보다 적은 비용으로 몇 배의 효과를 낼 수 있음을 몇 번의 프로젝트로 증명해 보였다. 그래서 우리가 선택한 셀러브리티는 미란다 커였다. 이미 〈스타뷰티쇼〉 시즌1에는 한번 방문했었던 그녀였지만 국내에서 인기가 높아 다시 추진하기로 했다.

이번 프로젝트 역시 프로덕션 'O'의 오은정 대표가 미란다 커를 직접 연결해주었다. 그렇게 미란다 커의 두 번째 〈스타뷰티쇼〉 방문은 이뤄졌다. 기대했던 대로 그녀의 방한은 공항에서부터 많은 기사들을 쏟아냈다. 미란다 커가 직접 백화점 입생로랑 매장을 방문해 기자들의 포토 타임시간을 갖고 사전 프로모션을 진행했다. 이 프로모션 역시 기사화되어 포털 사이트 메인에도 올라갔다.

우린 본격적인 뷰티 촬영을 위해 그녀의 숙소로 올라갔는데, 사전에 미리 미란다 커측과 조율했던 부분이다. 첫 출연 때 사실 아쉬운 부분이 많았다. 그래서 이번에는 숙소를 촬영할 때 반드시 파우더룸을 공개해달라고 요청해놨다. 해외 스타들은 사전 조율만 되면 촬영이 불가능한 것은 없다. 두 번째 만남이라 그런지 그녀는 자연스럽고 많이 웃으면서 촬영에 임했다. MC들이 파우치를 보여달라고 하자 그녀는 자연스럽게 파우더룸을 보여주겠다고 한다. 아마 방송 최초 그녀의 호텔방이 모두 공개되었을 것이다.

그녀의 화려한 미모와는 다르게 파우더룸에 있는 화장품은 단출했다. 그녀의 파우더룸에서 그녀가 애용한다는 틴트를 발견했을 때 수경 원장이 즉석에서 립 메이크업을 해주겠다고 제안했다. 사실 그 부분은 사전에 조율되지 않았다. 그럼에도 불구하고 미란다 커는 흔쾌히 응해주었다. 메이크업이 끝나자 미란다 커는 역시 세계적인 모델답게 카메라에 키스 포즈를 취했다. 그러자 틴트 메이크업을 한 그녀의 입술은 더욱더 매력적으로 빛났다. 수경 원장의 직접 시연을 받고 나서 거울로 메이크업을 확인한 미란다 커도 자신의 모습에 만족스러워했다.

이렇게 미란다 커와 뷰티 토크를 마치고 스튜디오에서는 미란다 커의 메이크업 따라잡기를 진행했다. 이런 구성으로 메이크업의 비교도 확실히 할 수 있고 입생로랑의 틴트 제품들을 더욱 돋보이게 할 수 있었다.

　방송이 나가고 포털에 올라간 영상은 높은 조회 수를 기록했고 제품과 시연 장면은 블로그를 통해 여기저기 입소문이 제대로 퍼졌다. 결국 입생로랑은 매직펜에 이어 연타석 홈런을 날렸다. 여기저기서 미란다 틴트를 찾고 인터넷 포털 사이트에서도 '미란다 틴트'라는 검색어가 높은 관심을 끌었다.

04

'피부 세포'의 시간을 되돌려라 :
입생로랑의 안티에이징 화장품

뷰티 프로그램을 시즌별로 제작하면서 항상 직면하는 문제는 스토리텔링의 아이템 부족이다. 왜냐하면 대부분 시즌별로 신제품이 출시되고 마케팅 전략이 다르게 진행되기 때문에 1년에 S/S, F/W의 두 시즌을 제작하고 나면 다음 해에도 비슷한 패턴을 갈 수밖에 없고 결국 아이템이 겹치는 경우가 다반사다. 매회 주제를 다르게 간다 해도 색조 메이크업이나 기초 제품들의 콘셉트를 새롭게 스토리텔링 한다는 것은 대단히 어렵다. 그래서 트렌드 변화를 반영하여 이너뷰티, 힐링, 헬시 뷰티 등 다양한 주제로 영역을 넓혀 보지만 뷰티의 근간은 화장품이기 때문에 고민은 끝날 수 없다.

그래서 틈틈이 서점을 찾고 책에서 많은 아이디어를 얻으려고 노력한다. 한번은 서점에서 여러 책들을 둘러보다가 시선이 고정된 책이 있었다. 일본 의사가 쓴 책인데 '노화는 세포건조가 원인이다'라는 건강 관련 내용을 담고 있었다.

책을 살펴보니 세포 보습으로 건강을 되찾은 사람들의 이야기인데 나도 모르게 서점에서 선 채로 끝까지 읽어버렸다. 이 책은 피부 노화에 관련된 건강 서적인데도 기존에 내가 알고 있던 뷰티 상식과 전혀 다른 의학적 정보들을 말하고 있었다. '하루에 물을 많이 마시면 오히려 좋지 않다', '소금은 피부의 적이 아니고 도움을 준다' 등 우리가 알고 있는 상식에 반대되는 내용이어서 호기심을 유발하면서도 유용한 정보이기 때문에 프로그램의 스토리텔링으로 접목하면 좋겠다는 생각이 들었다. 순간 뇌리를 스치는 아이디어가 떠올랐다. '체세포 동안'이었다. 바로 기존의 안티에이징 제품들이나 수분크림 등에 응용할 스토리텔링이었다. 봄철, 가을철 보습크림이나 안티에이징 제품들이 많이 프로그램에 참여하고 있었는데, 차별화된 스토리텔링이 없어서 난감해하던 차였다.

'체세포 동안' 콘셉트로 스토리텔링을 만들기 시작했다. 마침 입생로랑의 김서희 차장을 만난 자리에서 브랜드들의 반응을 살펴보고자 넌지시 체세포 동안 이야기를 했다. 김서희 차장은 듣자마자 입생로랑의 안티에이징 제품 콘셉트와 잘 맞는다며 입생로랑과 진행하자고 했다. 나중에 피앤지의 박현정 부장에게도 '체세포 동안' 이야기를 했더니 SK-II에 어울린다며 피앤지와 하자고 했다. 하지만 이미 입생로랑의 김서희 차장과 진행하기로 했다고 하니 많이 아쉬워했다.

'체세포 동안'을 프로그램에 접목하기에 앞서 국내 전문가에게 그 내용을 확인하는 작업을 거쳤다. 가정의학과 심경원 교수에게 도움을 청하니 더 많은 정보를 주고 직접 스튜디오에 출연하기로 했다. 심경원 교수의 말에 따르면, 사람의 피부는 표피, 진피, 지방의 3단계로 이루어지는데, 그 가운데 있는 진피의 탄력 섬유질들이 세포를 그물망처럼 연결해서 피부를 탄력 있게 해준다는 것이다. 이때 글리칸(glycan: 탄수화물이나 당이 사슬 구조로 이어진 것)이라는 물질이 도움을 주는데, DNA, 단백질에 이은 제3의 생명 코드로 요즘 새롭게 부각되고 있는 안티에이징 키워드이다. 이런 글리칸은 세포벽을 구성하고 피부세포에 에너지를 공급하면서 피부 세포를 재생시키는 메시지를 전달하는 피부 안테나 역할을 한다.

결국 나이보다 젊은 피부를 위해서는 피부 겉면이 아닌 피부

속 진피를 잘 관리해야 한다. 우리는 심경원 교수와 피부 상식에 대해 퀴즈를 풀어보는 시간으로 프로그램을 구성했다. 물론 그 이후 제대로 된 관리법을 통해 자연스럽게 입생로랑의 포에버 유스 리버레이터 제품을 스토리텔링했다.

여기서 잠깐 방송에 소개된 퀴즈를 풀어보자. '하루에 물을 2리터 이상 마셔야 한다'는 O일까? X일까? 대부분이 이 문제에서 'O'를 선택했지만 전문의는 'X'라고 했다. 하루 평균 1.5리터의 물을 마시는 것이 좋고 200밀리리터의 물을 15분 간격으로 조금씩 자주 나눠 마시면 좋다고 한다. 하루에 물을 너무 많이 마시면 오히려 피부에 좋지 않으며, 5리터 이상 많은 물을 마시면 오히려 부종, 수분중독 등으로 세포가 익사할 수도 있다는 것이다.

두 번째 문제. '소금은 피부의 적이다'는 맞는 말일까, 틀린 말일까? 이 문제도 대부분 O를 들었다. 그러나 역시 전문가의 답은 X였다. 기본적으로 자연에서 얻은 좋은 소금은 필수 미네랄을 포함하고 있다. 하루 최소 500밀리그램은 반드시 섭취해야 한다. 그렇지 않다면 노화 위험성이 상승한다고 한다. 기본적으로 우리나라가 짠 음식들을 즐겨 먹고 그것이 건강에 안 좋다는 인식이 있어서 그렇지 소금 자체가 피부의 적은 아니라는 것이다.

　뷰티 프로그램을 오랫동안 해온 나의 경험에 따르면 동안은 일정 부분 타고나야 한다. 그렇지만 관리에 의한 후천적인 것 역시 무시할 수 없다. 그만큼 피부 노화의 촉진을 늦추려면 생활습관(화장, 음식, 운동)이 중요하다. 지금 당신의 피부 세포의 세월을 되돌리고 싶다면 생활 속에서 작은 실천으로 시작하면 된다.

05

순간의 상황을 읽어라 :
P&G 팬틴 샴푸

화장품 브랜드계의 삼성 같은 조직이 아마도 피앤지(P&G)가 아닐까? 글로벌 브랜드로 SK-II와 질레트 면도기, 세제 등의 생활용품 브랜드로 자리 잡고 있고 작년 한해 아시아와 유럽에서 많이 팔린 화장품 브랜드 순위에 항상 상위권을 유지하고 있다. 그 중 SK-II는 많은 여성들이 꿈꾸는 브랜드이며 스타 마케팅도 화려하다. 브랜드 모델은 국내 최고의 배우와 중국 배우로 채워져 있다.

　여러 번의 미팅 제의 끝에 미디어 커뮤니케이션을 담당하는 박현정 부장을 만날 수 있었다. 처음 만난 자리에서 나는 피앤지에 대한 생각과 SK-II의 현재 마케팅 방법이 위기에 봉착할 수 있다는 것부터 이야기했고 대화는 2시간 넘게 이어졌다. 그리고 본격적으로 〈스타뷰티쇼〉에 피앤지를 초대하고 싶다고 했다. 물론 PPL로 참여하는 방법에 대해 아이디어를 제안했다.

내가 제안한 아이디어에 대해 한 달쯤 지나 박현정 부장으로부터 회신이 왔다. "피앤지는 검증된 곳과 일을 하기 때문에 프로그램과 PD님의 열정은 알겠지만 쉽지 않습니다. 그래서 8월 초에 무실리콘 샴푸가 런칭되는데 이것으로 먼저 효과를 증명해주세요."

SK-II를 바로 시작하면 좋겠지만 피앤지와 〈스타뷰티쇼〉가 만난다는 것만으로도 좋았다. 연락을 받고 피앤지로 갔는데 사무실에는 디지털 마케팅팀, 브랜드 담당자, 외부 프로모션팀 등 각 분야의 담당자들이 모두 모여 있었다. 브랜드 담당자의 브랜드 콘셉트와 마케팅 방향을 듣고 그 자리에서 60분물 세 개 코너로 기획 방향을 잡아 스토리텔링을 제안했더니 모두 흡족해했다.

무실리콘 샴푸의 특징을 잘 살려 스타 토크에 타 방송사의 〈정글의 법칙〉에 출연한 이후 손상된 헤어를 잘 관리하여 회복한 여배우를 섭외했다. 그녀의 노하우를 듣는 스타 토크와 헤어 관리가 고민인 뷰티스트들이 여배우의 비법을 따라 1주일간 시험해보는 것이었다. 1주일 후 스튜디오에 나와 헤어 아티스트가 좋아진 머릿결로 스타일 연출법을 보여주면서 마무리 하는 콘셉트였다. 피앤지 홍보팀과 디지털 마케팅팀은 방송 일정에 맞춰 영상과 언론홍보 일정을 조율했다.

그렇게 예정대로 녹화를 잘 마치고 내용도 브랜드에서 만족할 만큼 잘 나왔다. 그런데 방송 하루를 남겨 놓고 방송 보도 자료를 배포했는데 의도하지 않았지만 스타 토크에 출연했던 배우의 보도 기사가 네이버, 다음 등 포털 사이트의 실시간 검색순위 1위에 올라간 것이다.

미란다 커나 국내 최고 여배우의 케이블 첫 출연도 이렇게 요란스럽게 포털 메인을 장식하지 못했다. 나 역시 이런 상황을 예측하지 못했다. 평소에도 기사가 많이 나고 실시간 순위 톱 10에는 늘 〈스타뷰티쇼〉 출연 게스트들이 포함되었기 때문에 어느 정도 높은 순위는 예상했지만 기대 이상이었다. 그녀의 몸매와 요가복 때문이었을까? 더욱이 네이버에서는 거의 하루 종일 1위에서 내려오지 않았다.

그때 내 머리 속을 지나치는 아이디어가 있었다. 서둘러 박현정 부장에게 전화를 했다. 내일부터 진행할 디지털 마케팅 콘셉트를 바꾸는 것이 좋을 듯했다. 기존의 디지털 마케팅은 복잡한 초상권 문제를 떠나 프로그램 타이틀과 영상을 활용해서 브랜드 제품을 시연하는 장면을 활용하려고 했다. 그러나 여배우의 초상권도 브랜드에서 가지고 있는 상황이고 포털에서 이슈가 되고 있으니 여배우의 5분 샴푸법으로 콘셉트를 잡고 영상도 스타 토크 부분으로 재편집해서 쓰자고 제안했다.

박현정 부장은 이야기를 들으시고는 전체 회의를 해보겠다고 했다. 그리고 한 시간 뒤 바꾸기로 결정했다. 디지털 영상 마케팅을 바꾸려면 다시 몇백만 원의 비용이 발생하고 마케팅 전체 일정이 1주 정도 뒤로 미뤄지기 때문에 쉬운 결정은 아니었다.

결국 팬틴의 무실리콘 신규 제품 런칭은 성공적이었고 매출도 많이 올랐다고 한다. 이 일을 계기로 나름 피앤지에서 〈스타 뷰티쇼〉가 알려진 셈이다. 그 후 박현정 부장이 연말에 한 번 더 보자는 연락이 왔고 여러 이야기를 나누는 과정에서 캠페인에 대한 아이디어를 제시했다. 피부재생 조직에 좋다는 콘셉트의 SK-II에 어울리는 '피부암 여성 환자 돕기' 캠페인이었다. 사회적 환원의 성격을 가진 공익 캠페인은 이미 유방암 캠페인을 통해 어느 정도 알려져 있었다.

하지만 글로벌 브랜드들이 국내에서 사회 환원 활동을 하는데는 인색하다. 만약 SK-II가 공익적인 캠페인을 실시한다면 브랜드 이미지 재고뿐 아니라 화장품을 소비하는 많은 여성들에게도 지지를 받을 수 있다고 생각했다.

물론 최종 선택은 브랜드의 몫이다. 피앤지의 팬틴 런칭을 위한 마케팅에 대한 순간의 선택은 탁월했다. 좋은 상황이 만들어졌을 때 신속한 판단을 빨리 시장에 반영한다면 그 또한 마케팅의 성공 요소가 될 수 있다.

06

피부에 환경을 입히다 :
천연제품 라보닉코리아

성분을 알 수 없는 각종 인스턴트식품과 환경오염 등으로 인해 아토피 환자가 지속적으로 늘어나고 있는 추세이다. 아토피뿐만 아니라 각종 피부질환에 잘 걸리는 민감성 피부를 위한 유기농 제형의 브랜드 제품들이 다양해지고 있다. 그러나 오랫동안 사용하던 습관과 유기농 성분 제품의 향과 촉감이 '비호감'이다 보니 많은 소비자들이 쓰기를 주저하기도 한다. 하지만 유기농 성분 브랜드의 장점은 한번 사용하게 되면 재구매로 이어지는 비율이 높다는 것이다.

　유기농 천연 제품 브랜드들은 가격도 높고 아직 대중들에게 친숙하지 못하지만 충분히 경쟁력을 가지고 있다. 그중에서도 뉴질랜드에서 건너온 라보닉코리아의 브랜드 제품라인들은 독특했다.

라보닉코리아의 박재윤 대표와의 첫 미팅 때부터 주안점을 둔 것은 '어떻게 하면 대중들에게 유기농 성분의 제품들이 유용한지 알리고 친숙함을 심어주느냐'였다. 아무래도 한국에 런칭된지 얼마 되지 않았고 온라인 쪽만 판매되고 있었기 때문에 인지도가 낮은 점이 마케팅 하는 데 가장 큰 장애물이었다. 그래서 타깃도 아기를 키우는 엄마들로 한정하기로 했다. 어린 아이를 키우는 엄마들은 항상 아이와 접촉이 이뤄진다. 이때 엄마가 바른 유기농 성분의 화장품은 아이 피부에 나쁜 영향을 주지 않는다는 것도 강조하기로 했다. '피부의 유통기한을 늘려라'. 즉 피부의 생명 연장이라는 프로젝트를 2주간 진행하기로 했다. 여름에서 가을로 넘어갈 때 피부 보습 관리는 필수이니까.

프로젝트 참여자는 어린 아이를 키우는 엄마와 대학생으로 정했다. 실제로 아이를 키우는 엄마들은 어린 아이의 피부가 민감하기 때문에 집에 있을 때는 진한 기초 제품이나 베이스 제품들을 잘 사용하지 않는다. 화장을 진하게 하고 핸드폰 통화를 하다 보면 스마트폰 액정에 파우더나 비비크림 등이 가득 묻어나는 것을 많은 여성들은 경험했을 것이다. 그만큼 갓난아이를 돌보는 엄마들은 화장품의 성분에 민감할 수밖에 없다.

　그렇다면 유기농 제품을 어떻게 구별할 수 있는지 잠시 인증 마크에 대해 살펴보자. 우리나라에는 없지만 미국과 유럽 그리고 일본이나 오세아니아 등 각 나라별로 인증마크가 있으며 그 범위도 다양하다. 그렇다면 전 세계에서 가장 인정받는 유기농 인증은 어떤 것들이 있을까? 물과 소금을 제외한 성분에서 95% 이상의 유기농 성분 함유를 인증하는 BIOGRO, USDA, ACO, SOil Association 등이 있다.

USDA

미국 농무성에서 인증하는 것으로 원래는 화장품을 대상으로 한 것이 아니었다. 인증 기준은 최소 95% 이상의 유기농 성분 함유, 동물 실험 금지, 유전자 조작 금지는 물론 3년 이상의 화학 비료와 농약을 전혀 사용하지 않은 땅에서 유기농 재배로 수확환 원료를 사용해야 한다는 것이다. 화장품류는 주로 오일 종류가 인증을 받을 수 있으며 크림 종류는 인증 받기가 상당히 어렵다. 결국 제품의 제형 자체가 액체 종류일 때 허가를 받기 쉽다고 할 수 있다.

USDA

BIOGRO

BIOGRO

전 세계 유기농 인증기관 중 가장 까다롭고 엄격한 심사로 정평
이 난 기관으로 뉴질랜드에서 제일 큰 유기농 제품 인증기관이
기도 하다. 지난 30년 동안 유기농에 관한 일을 계속 해왔으며
700여 개의 공정을 맡아 한해에 약 1억 달러 가치의 유기농 제
품을 등록한다.

그밖에도 호주와 영국 그리고 유럽 등에는 국가별로 유기농
인증기관들이 있다. 그렇지만 우리나라에는 아직 화장품과 관
련하여 유기농 인증기관이 없다. 사실 국내 제품 중에도 유기농
제형을 사용하는 브랜드들이 많이 있지만 이런 인증기관이 없기
때문에 국내에서 유기농 인증마크를 받을 수 없다. 당연히 유기
농 화장품이라고 마케팅도 할 수 없다. 한 브랜드의 관계자는

유기농 인증마크가 있는 라보닉 제품

진지하게 '자신이 한번 브랜드 인증기관을 만들어볼까' 하고 말하기도 했다(아마 누군가 유기농 화장품 인증제도를 시도한다면 앞으로 시장에서 부가 가치를 창출해낼 수 있을 것이다).

환경문제에서 기인한 것일 수도 있지만 민감성 피부로 고통받거나 피부 건강에 유난히 신경쓰는 여성들이 유기농 화장품을 선택하는 경우가 있다. 앞으로는 유기농 화장품을 사용하는 연령층이 점점 어려질 것이고 유기농 브랜드들이 각광받는 시대가 올 것이다.

이런 현상은 유기농 화장품을 만드는 라보닉 브랜드를 통해 그 가능성을 점쳐볼 수 있다. 〈스타뷰티쇼〉 방송 후 타깃층에 맞는 바이럴 마케팅을 진행하자 방영 전보다 브랜드 판매율이 20% 이상 상승했다. 이런 통계는 카드 결제 방식인 온라인 쇼핑몰 판매에서 쉽게 확인할 수 있다. 라보닉은 온라인 판매만 해오던 브랜드라서 포털 사이트의 쇼핑 검색 키워드, 블로그 바이럴 마케팅에 주력했다. 물론 뷰티 프로그램의 영상과 프로그램 타이틀이 주요 콘텐츠로 활용되었다. 그 결과 판매율은 지속적으로 상승했고 더욱 주목할 점은 한번 사용한 소비자의 재구매율이 높았다는 것이다.

방송 후 롯데홈쇼핑 아이몰과 프로그램 타이틀을 활용한 마케팅도 병행했다. 두 번째 시즌에는 다른 라인의 제품을 가지고 프로그램에 참여했다. 라보닉 코리아 제품을 나와 스태프들이 직접 체험한 결과 모두 만족스럽다는 평가를 내렸다. 자연과 인간의 건강에 이롭고 제품이 좋으며 마케팅 방법이 참신하다면 그 브랜드는 언젠가는 빛을 볼 것이다.

07

유니크한 제품, 스타를 만나다 :
알프레산 풋케어 제품

화장품 브랜드를 많이 접하다 보니 점점 유니크한 제품들에 시선이 고정되곤 한다. 그중에는 〈스타뷰티쇼〉에서 만난 알프레산의 풋케어 제품들이 있다. 주로 손발에 수분을 공급해주는 핸드폼 크림과 손, 발톱 영양제인 네일 오일 등 독특한 제품이 많은 브랜드이다. 알프레산 풋케어는 올리브 영에 런칭을 앞두고 무언가 특별한 마케팅에 대해 고민하고 있었다.

일단 나는 〈스타뷰티쇼〉로 브랜드 인지도를 올리고 프로그램 타이틀 로고를 활용한 마케팅을 제안했다. 그리고 어느 정도 브랜드에 대한 인지도가 쌓인 다음 스타를 활용한 마케팅을 조언했다.

다행히도 첫 번째 뷰티 프로그램 방송 후 그 영상을 활용한 바이럴 마케팅과 프로그램 타이틀을 활용한 판촉활동을 통해 매장 매출은 15% 정도 상승했다. 만약 처음부터 스타 마케팅을 진행했다면 낮은 브랜드 인지도에 많은 비용 지출이 발생해 매출 대비 수익률은 장담할 수 없었을 것이다.

그리고 바이럴 마케팅 역시 생소한 브랜드인 경우 비용 대비 효과 창출이 그리 크지 않기 때문에 영향력 있는 뷰티 프로그램에 출연한 후 다양하게 마케팅 자료를 확보하는 것이 효과를 극대화하는 방법이다. 물론 이 방법이 모든 브랜드에 적용되는 것은 아니지만 중소 브랜드이거나 처음 런칭되는 브랜드의 경우는 분명히 효과가 있다.

두 번째 진행은 스타 마케팅을 하기로 했다. 먼저 브랜드에 잘 어울리는 스타를 찾아야 했다. 알프레산 풋케어에서는 손과 발에 대한 제품이라는 점을 고려하여 스포츠 스타를 염두에 두고 있었다. 하지만 내 생각에는 참신한 여배우가 더 어울릴 듯했다. 제품보다는 스타가 돋보이겠지만 제품을 더 살릴 수 있는 후보군을 만들었다.

특히 다리 라인과 발목이 예쁜 스타가 잘 어울릴 듯해서 찾은 배우가 바로 한은정이다. 물론 〈스타뷰티쇼〉 방송 시간과 브

배우 한은정이 모델인 알프레산 풋케어 광고

랜드 마케팅 시기가 드라마나 영화로 활동하는 시기와 겹친다면 금상첨화다.

이런 모든 조건을 충족시키는 배우가 한은정이라는 판단이 들었고 알프레산 풋케어에 강력 추천하자 브랜드 측에서도 흔쾌히 수락했다. 마침 올리브영에서의 브랜드 런칭 시점도 방송 후 1~2주 뒤라 먼저 바이럴 마케팅으로 홍보한 뒤 한은정의 포스터를 잡지와 매장을 통해 대대적으로 게시했다.

결국 브랜드는 최소 비용으로 브랜드 인지도를 높이고 매출까지 높이는 효과를 얻었다. 물론 처음부터 많은 비용을 들여 스타 마케팅을 활용하는 것도 좋은 방법이 될 수 있었지만 우리의 작은 시도가 얻어낸 결과는 비용 대비 결코 작지 않았다. 마케팅은 이벤트 및 광고와 홍보의 타이밍이 잘 맞아야 하는데 그것은 우연히 그렇게 되는 것이 아니라 최적의 타이밍을 스스로 만들어가는 것이다.

08

키스를 부르는 입술 :
로레알 파리의 바바라 팔빈

세계적인 화장품 기업 로레알에는 우리가 잘 아는 입생로랑, 조르지오아르마니, 랑콤, 키엘, 비오템, 슈에무라, 클라소닉 등 명성이 자자한 백화점 브랜드들이 즐비하다. 그런데 로레알에는 이런 백화점 브랜드 말고 올리브영 같은 로드숍 매장에 들어가는 로레알 파리, 메이블린 뉴욕 같은 브랜드도 있다.

요즘 화장품 업계를 보면 이런 형태가 보편적인 듯하다. 국내 최대 화장품 기업인 아모레 퍼시픽, LG 생활건강 등도 중저가와 고급 브랜드를 전략적으로 나눠 시장을 공략한다. 약간의 차이가 있다면 국내 브랜드는 백화점과 홈쇼핑 판매전략을 펼친다는 것이다.

여하튼 글로벌 브랜드인 로레알은 나와 인연이 깊다. 키엘, 입생로랑 등 〈스타뷰티쇼〉에 많이 참여를 해준 브랜드이기 때문이다. 그런 인연 때문인지 로레알 파리와도 브랜드 미팅을 하게 되었다.

브랜드의 마케팅 목표는 단순했다. 자기들의 모델인 바바라 팔빈이 한국 방문 기념 홍보행사를 하는데 뷰티 프로그램에서 브랜드 모델이 바바라 팔빈인 것을 인지시키고 동시에 브랜드 인지도를 향상시키는 것이었다.

바바라 팔빈은 헝가리 출신의 세계적인 모델이다. 1993년 생으로 2006년 13세에 부다페스트 길거리에서 캐스팅되어 슈푸르 매거진에 처음으로 사진이 실렸다. 이후 본격적인 모델 생활을 시작했고 2010년 2월 처음으로 런웨이 무대 '밀라노 패션 위크'에서 프라다 모델로 섰다. 그리고 '빅토리아 시크릿'의 최연소 모델도 되었다. 미란다 커와 쌍벽을 이루는 최고의 모델이라고 할 수 있다. 그렇지만 국내에서 미란다 커만큼의 선호도나 인지도는 형성되어 있지 않다. 이런 부분이 아마도 로레알 파리가 국내 프로모션을 통해 극복하고자 하는 과제였을 것이다.

우리는 입생로랑과 미란다 커를 활용한 마케팅을 성공적으로 진행시킨 경험이 있었지만 그때와는 상황이 달랐다. 입생로랑은 미란다 커의 방한 일정과 촬영 및 방송 스케줄이 다 맞아 떨어져 마케팅 타임을 잡기가 수월했다.

그러나 〈스타뷰티쇼〉의 녹화 일정이 한 달 이상 꽉 차 있어서 바바라 팔빈의 방한 일정에 맞춰 촬영을 하더라도 방송은 한 달 뒤에나 가능한 상황이었다. 로레알 파리 측에서 선택을 해야만 하는 상황이었다. 담당인 고지영 대리는 심각하게 고민을 하기 시작했다. 나는 다른 아이디어를 제안했다. 마케팅이라는 것은 타이밍이다. 그렇다고 해서 모든 일정을 한번에 몰아서 한다고 해서 효과가 커지는 것은 아니다. 반대로 생각하면 한 달간 지속적인 홍보를 할 수 있다. 이것은 관점의 차이일 뿐이지만 대부분의 광고주들은 이런 결정을 쉽게 하지 못한다.

로레알 파리 측에서 쉽게 결정을 못 내렸고 나는 다른 대안을 제시해야 했다. 일단 녹화를 진행하고 사전 홍보를 진행하자는 것이었다. 그래서 바바라 팔빈이 로레알 파리 모델이고 방한해 프로모션 행사를 진행하고 있다는 것을 계속 인지시키고자 했다.

방송 전 주에 미리 바바라 팔빈 예고 영상을 본방에 구성해서 넣으면 어떨까? 로레알 파리 측에서 지상파 연예뉴스 인터뷰 일정과 방송을 〈스타뷰티쇼〉 방송 전 주로 잡아 사전 붐업 효과를 낼 수도 있다. 결국 3주 내내 바바라 팔빈이 한국에 있는 것처럼 보여지는 효과도 있고 인지도도 더욱 상승할 수 있다는 장점이 있었다. 결국 로레알 파리에서는 홍보 마케팅을 〈스타뷰티쇼〉와 진행하기로 결정했다.

공항 입국 장면과 숙소 공개 등 다양한 모습들을 촬영하고 다음날 본격적인 촬영이 이어졌다. 촬영 내내 그녀의 에너지가 느껴졌다. 표정 역시 톱 모델다운 자연스러움과 장난스러움이 오묘하게 어우러졌다. MC들과도 즐겁게 촬영을 마치고 서로 기념사진도 찍었다. 그리고 한 시간 쯤 뒤 페이스북에 그녀가 직접 사진을 올려 서울에서 첫날을 〈스타뷰티쇼〉와 함께 촬영했다는 글을 올렸다. 물론 로레알 파리의 요청으로 진행된 계산된 행동일 수도 있다. 우리는 재빠르게 서인영 MC 페이스북에 같은 사진을 올리고 답글을 달았다. 타이밍을 서로 맞추어야 홍보 효과가 극대화되기 때문이다. 얼마 지나지 않아 온라인 포털 검색에 오르고 많은 유저들이 기사를 퍼나르기 시작했다.

그녀의 방한 3주 후 방송된 〈스타뷰티쇼〉 역시 많은 화재를 일으켰다. 그녀의 솔직한 촬영 모습이 그대로 시청자들에게 전파된 것도 있었지만 사전 붐업된 홍보 효과도 한몫 했다. 또 바바라 팔빈이 출연한 브랜드 광고를 프로그램 앞, 중간, 뒤에 모조리 붙였다. 당연히 프로그램에서는 바바라 팔빈 토크와 그녀

로레알 파리의 모델 바바라 팔빈. 사진 제공 : 로레알 파리

의 메이크업 따라잡기가 방송되었고 수경 원장이 직접 그녀에게
로레알 파리 제품으로 메이크업 시연을 해주었다.

이와 더불어 프로그램 관련 보도 기사도 온라인에 많이 게재
되어 브랜드가 원하던 브랜드 모델의 인지도 상승효과는 충분히
거뒀다. 물론 프로모션이 끝난 뒤 브랜드의 평가도 상당히 긍정
적이었다. 기사 노출, 시청률도 좋았지만 무엇보다도 브랜드에
서 걱정했던 방한 시기와 방송 시기의 차이를 우리의 전략대로
맞추어 효과를 봤기 때문이었다.

초승달 음식 VS 보름달 음식 :
벌꿀 아이스크림 이너뷰티

'바르는 화장품만으로 관리한다면 뷰티 하수, 이제는 몸속까지 예뻐지는 것이 대세!' 황우슬혜의 구운 다시마, 윤손하의 채소 주스, 한고은의 닭가슴살 패티 등 스타들은 이미 이너뷰티를 실천하고 있다.

뷰티 프로그램을 2년 반 동안 진행해오면서 많은 관심을 가져온 부분이 이너뷰티다. 화장의 기초는 피부에 달려 있는데, 피부가 곱고 톤이 좋아야 화장도 잘되고 더 아름다워 보인다. 많은 여성들이 공감하겠지만 피부 트러블이 많을 때는 화장이 잘 뜬다.

한의학에서는 얼굴이 건강의 거울이라고 한다. 코 위쪽의 피부 트러블은 몸의 위 기관들의 문제이고 코 아래 쪽 트러블은 몸 아래 기관들의 문제라고 파악한다. 실제로 스타 토크를 촬영하다 보면 견과류 등 건강에 좋은 식품들을 챙겨 다니는 모습을 자주 발견할 수 있다.

이미 '이너뷰티'라는 용어가 만들어져 있었지만 우리는 그것을 프로그램에서 지속적으로 다룸으로써 트렌드를 만들고 싶었다. 그래서 시즌3때부터 지속적인 코너 구성을 통해 이너뷰티를 내세우기 시작했다. 캘리포니아 아몬드, 오트밀 스크럽제, 아몬드 우유, 비타민 음료 그리고 스타 토크에서도 직접 건강식 요리의 레시피를 소개하기도 했다.

그 중에도 가장 기억에 남는 아이템은 벌꿀 아이스크림이었다. 브랜드에서 벌꿀과 아이스크림을 가지고 스토리텔링을 해달라고 의뢰가 왔을 때 고민을 많이 했다. 이것이 이너뷰티와 어떤 관계가 있을까? 우선 가정의학과 교수들에게 자문을 구했다. 그 결과 아주 좋은 의견을 들을 수 있었다. 설탕을 넣지 않은 순수 우유로 만든 아이스크림은 미네랄이 들어 있고 꿀은 칼슘이 풍부해 붓기를 빼주는 데 효과적이라는 것이다.

그래서 우리는 대부분의 야식 메뉴들이 얼굴을 붓게 하는 데 일조한다는 것에 착안하여 '초승달 음식과 보름달 음식'을 가려내는 콘셉트로 기획안을 만들었다. 사실 20여 명의 뷰티스트들이 스튜디오에서 음식을 보고 쉽게 가려낼까봐 조금 걱정이 되었다.

드디어 녹화가 시작되고 테이블에 떡볶이, 라면, 치킨, 족발, 꿀, 바나나, 오렌지주스, 아이스크림, 토마토, 아보카도 등 총 10가지의 음식들이 준비되었다. 문제는 내 얼굴을 빵빵하게 하는 보름달 음식과 갸름한 초승달 얼굴로 만드는 음식을 가려내는 것이었다. 당신이라면 어떻게 가려내겠는가? 얼굴을 붓게 만드는 나트륨 음식과 붓기를 빼주는 칼륨 음식 기준으로 나누면 된다. 몸을 붓지 않게 하기 위해서는 칼륨 섭취가 반드시 필요하다.

그런데 놀랍게도 뷰티스트는 물론 3명의 MC(서인영, 도윤범, 수경 원장)도 퍼즐을 완벽하게 맞추지 못했다. 모두 아이스크림의 함정에 빠진 것이다. 짐작했겠지만 보름달 음식은 떡볶이, 라면, 치킨, 족발, 오렌지 주스. 초승달 음식은 꿀, 바나나, 토마토, 아보카드, 아이스크림. 스튜디오 여기저기서 웅성거리는 소리가 들렸다. 벌꿀 아이스크림의 맛에 놀란 것은 물론이고, 설탕이 안 들어간 유기농 우유로 만든 아이스크림은 붓기를 빼준다는 사실에 또 한번 놀란 것이다.

자고 일어나면 보름달 같이 커진 내 얼굴, 먹는 것만 잘 골라 먹어도 붓기를 줄일 수 있다. 아침마다 퉁퉁 붓는 내 몸에 맞는 음식을 잘 골라 먹는 것도 아름다움의 시작이다.

10

인상학 뷰티 :
페이스 코치를 만나다

많은 사람들이 좋은 인상을 원하고 좋은 인상이 되는 메이크업에 관심이 많다. 2013년 '관상'이라는 영화의 흥행 이후 이런 콘셉트의 아이템들이 많이 나왔다. 온라인 포털에서도 많은 주목을 받았다. 좀 늦은 감이 있었지만 이런 아이템을 진행할 기회가 찾아왔다. 단지 관상 전문가가 나와 관상을 보고 이야기하고 메이크업을 해주는 식의 진행보다는 좀 더 과학적이고 근거가 있는 스토리로 접근해보고 싶었다.

궁하면 통한다고 했던가? 친구 녀석과 통화하다가 이런 이야기를 했더니 소개해줄 사람이 있다고 했다. 강남의 한 치과 원장인데 좀 독특하다고 한다. 인상학에 관심 많고 실제로 병원에서 자신만의 치료 과정으로 환자들을 관리한다는 것이다. 그리고 자신이 직접 신기한 도구도 제작해서 사용한다고 했다.

친구를 통해 연락처를 알아낸 다음 치과 병원으로 작가와 함께 찾아갔다. 이정현 원장은 큰 키와 아름다운 외모에 화술도 뛰어나서 충분히 스타성이 있는 전문가였다. 그리고 자신은 페이스 코치가 아니라 스마일 컨설턴트로 불리길 원한다고 했다. 즉 좋은 인상을 방해하는 원인들을 찾아서 교정해주고 아름답고 건강한 미소를 되찾아준다는 것이다.

좋은 인상을 결정하는 가장 중요한 요소는 미소이다. 웃을 때 입 꼬리가 아래로 처지면 인상이 차가워 보인다고 한다. 따라서 입 표정만 바뀌어도 좋은 인상을 줄 수 있다. 평소에 입 꼬리를 올리면서 웃는 연습을 하면 인상이 훨씬 부드러워진다. 많은 사람들이 미소 짓기는 쉬운 일이라고 생각하지만 막상 해보면 잘 안 된다. 확실히 입 꼬리가 올라가면 인상이 웃는 상이 된다.

그런데 부자연스러운 미소도 있다. 거기에는 여러 가지 이유가 있다고 한다. 구강구조에 문제가 있거나 치아에 콤플렉스가 있을 때 미소를 방해하는 나쁜 습관이 생긴다고 한다. 특히 돌출형 구강구조의 경우 입이 잘 다물어지지 않기 때문에 의식적으로 입을 다물려고 한다. 그러다 보면 턱 근육이 발달되고 주름까지 생겨서 화가 난 인상으로 변하기 쉽다는 것이다. 치아에 콤플렉스가 있는 경우도 마찬가지이다. 윗입술에 힘을 주어 치아를 가리려고 하기 때문에 말하거나 웃을 때 인상이 부자연스러워지면서 좋은 인상을 못준다.

이런 부분도 교정을 통해 인상이 달라질 수 있다는 것이 이정현 원장의 견해이다. 구강 컨디션에 큰 문제가 없다면 교정 없이도 아름다운 미소를 얻을 수 있다는 것이 놀랍지 않은가? 특히 입 꼬리는 우리 몸에서 가장 얇은 근육으로 이루어져 있기 때문에 처지기도 쉽고 올리기도 쉽다고 한다.

이야기를 모두 듣고 나서 작가와 나는 새로운 스토리텔링을 구상할 수 있었다. 그리고 이것을 뷰티에도 적용할 수 있었다. 스마일 컨설팅를 받고 좋아진 인상에 어울리는 메이크업을 하면 더욱 아름다운 얼굴이 된다는 콘셉트로 잡았다. 이런 유니크한 주제는 시청자의 시선을 사로잡을 수 있고 좋은 정보가 된다. 녹화 현장에서 공개된 이정현 원장의 비장의 무기는 '스마일 롤러'라는 도구였다. 이것은 집에서도 쉽게 플라스틱 자를 이용해 만들 수 있다.

사용 방법은 스마일 롤러를 입에 물고 내 입 꼬리가 얼마나 처져 있는지 먼저 측정하여 선을 긋는다. 그리고 천천히 웃어보

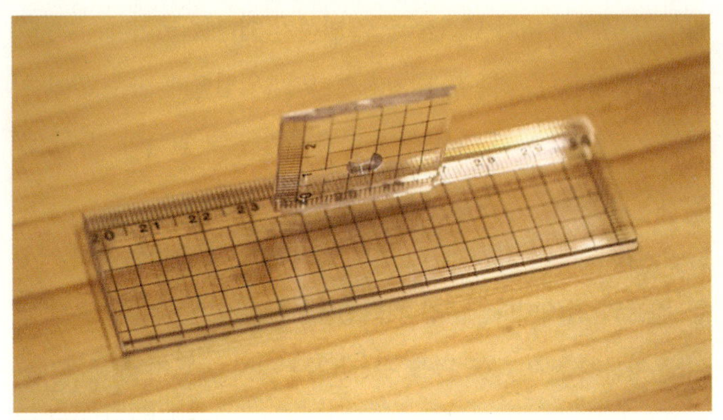

자를 활용한 스마일 롤러 제작

라. 그다음 입 꼬리가 올라간 부분에 선을 긋고 기억한 다음 그 상태로 평소에도 꾸준히 웃는 연습하면 자연스러운 표정 미인이 될 수 있다고 한다.

집에서 거울을 보고 한번 자연스럽게 연습해보자. 양 검지로 입꼬리를 누르면서 위로 올려 준다. 입꼬리를 올린 상태로 15초간 유지하고 5초간 쉬고 이 동작을 매일 아침, 저녁 4회 이상 반복해주면 된다. 입 꼬리에는 9개의 근육이 있다고 한다. 이 근육은 매우 가늘어서 조금만 훈련하면 좋은 인상을 오래도록 유지할 수 있다. 눈 꼬리는 좀 쳐져도 메이크업으로 커버하면

눈 꼬리를 조금 올릴 수 있다. 하지만 입꼬리가 처져 있을 때는 메이크업으로 보완할 수 없다.

입 표정만 달라져도 인상이 달라지고, 인생도 달라질 수 있다. 방송 후 스마일 롤러는 온라인상에서 많은 이슈가 되었다. 기사도 나고 스마일 코치 관련 영상도 많은 조회 수를 기록했다.

인상학에 뷰티를 접목한 새로운 시도는 역시 실패보다는 많은 호응을 얻어냈다. 그래서 난 늘 독특한 제품과 참신한 스토리텔링을 좋아한다. 기존에 했던 방식과 소재를 답습하는 것은 시청자에 대한 예의가 아니다. 무엇보다 새로운 것은 가장 훌륭한 마케팅 재료가 된다는 점을 잊어서는 안 된다.

디자인도 중요한 마케팅이다 :
투쿨포스쿨

모든 제품이 그렇겠지만 특히 화장품은 품질과 마케팅 못지않게 디자인도 중요하다. 매장에서 소비자들이 시연으로 사용해보기 전에 제품의 디자인을 맨 처음 보기 때문이다. 일본 뷰티 투어 촬영을 갔을 때 신주쿠에 있는 도큐핸즈나 요코하마에 있는 랭킹랭퀸을 취재할 때 유의 깊게 화장품 제품들의 디자인들을 살펴봤다. 품질은 제쳐두고 디자인만 봤을 때 우리나라 제품만큼 디자인의 다양성과 독특함은 뛰어나지 않았다. 물론 품질이 우선이라 생각하는 경향들이 강하기 때문에 디자인이 전부가 아닐 수도 있다.

화장품 브랜드 중 독특한 디자인으로 소비자들에게 기억되는 것들은 그리 많지 않다. 총알 모양 디자인의 맥 립스틱, 갈색병 신화를 일군 에스터로더의 어드밴스드 나이트리페어 스킨케어 제품 등이 유명하다.

그러나 대부분 브랜드의 용기 디자인이 약간의 유사성이 있어 상표 로고로 차별화될 뿐이며 콘셉트가 겹치는 경우도 흔한 일이다. 한때 크레파스 디자인의 립스틱 시리즈가 몇 개의 브랜드에서 동시에 출시된 적도 있다. 소비자들은 헷갈려 할 수도 있고 브랜드들은 서로 손해를 볼 수 있다. 결국 경쟁력을 상실하게 된다는 것이다.

중저가 브랜드 중 독특한 브랜드로 경쟁력을 키운 토니모리를 보면 다양한 디자인의 제품들이 즐비하다. 입생로랑의 립스틱도 럭셔리한 황금색으로 시선을 사로잡고 안나수이의 디자인 역시 독특하다.

디자인의 독특함으로 성공을 거둔 사례가 있다. 사실 내가 뷰티 프로그램을 PPL(간접광고)로 진행해볼까 하다가 생각을 접었던 이유는 10대 위주의 브랜드가 대부분이었기 때문이다. 20~30대가 타깃인 우리 프로그램과 아무래도 타깃 자체가 맞지 않았다.

2011년에 어느 마케팅 회사에서 새로운 트렌드를 찾기 위해

10대들의 생활을 관찰해 조사한 적이 있다고 한다. 조사결과 유난히 눈에 띄는 것이 있었는데, 10대 여학생들 사이에서 화장 문화는 점점 보편화되어가고 있다는 사실이었다. 대부분의 도시에서 대다수의 여학생이 색조 화장을 하고 있다는 것이다. 월렛 맵핑(Wallet Mapping: 소지품을 통해 소비자들의 라이프스타일을 조사하는 관찰조사방법)을 통해 나온 결과를 보면 여학생들이 소지하는 화장품은 웬만한 성인 여성들의 화장품보다 더 많을 정도이다.

그런데 이런 10대 여학생들 사이에서 명품 부럽지 않은 시장 점유율을 가지고 있는 브랜드는 '투쿨포스쿨'이었다. 투쿨포스쿨은 철저하게 10대 여학생들을 타깃으로 하고 있어 디자인도 특화되어 있었다. 크레용 모양의 립스틱, 딱풀 모양 립글로즈 등 주로 학용품을 모티브로 한 디자인들이 많다. 왜 학용품 모양을 흉내낸 화장품들이 인기를 끌고 있을까? 10대 여학생들이 아무리 화장을 즐겨 한다고 해도 우리나라 학교에서 공식적으로 화장을 허용하지는 않기 때문이다.

학교에서 색조 화장품을 소지하다 적발되면 바로 압수된다고 한다. 그러다 보니 여학생들은 화장품을 몰래 숨겨 사용하는 노하우들을 가지고 있다. 당연히 투쿨포스쿨의 학용품 모양의 화장품들은 10대 여학생들의 고민을 해결해주는 딱 맞아 떨어지는 제품이 아닐 수 없다. 결국 디자인의 승리라고 할 수 있다.

현재 화장하는 10대 화장품 시장은 연간 2,500억 원 규모로 급성장했다. 10대 화장품 시장이 성장함에 따라 최근 스킨, 로션과 같은 기초 제품부터 비비크림과 틴트를 비롯한 메이크업 제품까지 잇따라 출시되고 있다. 10대 고객이 구입하는 제품은 아이와 립 메이크업이 60%를 차지한다고 한다.

이제는 대기업 화장품 회사도 10대의 화장품 시장에 서로 뛰어 들고 있다. 그런데 신규 진입한 브랜드들은 모두 10대 취향의 디자인을 만들고 있지만, 원조 격인 투쿨포스쿨은 '학교에 가기엔 너무 예쁜 그녀'라는 콘셉트로 멀티볼 CC크림까지 출시했다. 이미 고정적인 고객을 확보하고 있으니 다른 경쟁자들과 차별화하기 위해 타깃층을 20대까지 확장한 디자인을 추구한 것이다. 보편화되는 10대 여학생들의 화장 문화를 발 빠르게 포착하여 디자인과 제품을 개발한 투쿨포스쿨의 민첩한 대응과 과감한 승부수가 돋보인다.

이제는 당당하게 화장품 시장의 한 축으로 10대가 자리 잡고 그 시장을 잡기 위해 LG 생활건강, 아모레퍼시픽, 애경 등에서 시장 주도권 싸움을 하고 있다.

12

아티스트, 브랜드의 얼굴이 되다

화장품 시장의 경쟁이 뜨겁다 보니 소비자를 잡기 위한 신제품들이 시즌별로 꾸준히 쏟아져 나오고 홈쇼핑으로 진출하는 브랜드와 해외에서 한 가지 라인만 라이센스를 가져와 유통하는 브랜드도 다양하다. 그리고 제품을 알리기 위한 마케팅 역시 치열하게 펼쳐지고 있다.

이런 상황에서 브랜드는 항상 새로운 것과 소비자들의 마음을 잡을 수 있는 것들을 찾으려 한다. 그런데 그 방향이 제품의 품질 개선이나 디자인의 변경은 아니다. 그보다는 많은 여성들이 선호하는 유명 아티스트들이 자신의 이름으로 브랜드를 런칭하는 것이 옳은 전략일 수 있다.

우리는 성공하면 스타가 된다는 고정관념을 가지고 있다. 하지만 스타가 성공하는 경우가 더 많다. 돈이 돈을 버는 것과 같은 이치라고 할까? 스타 제품을 만들기 위해서는 제품을 만드는 사람이 먼저 스타라면 그 사람이 기획하는 제품은 이미 대박을 예고하는 제품이 될 수 있다. 그래서 오래전부터 많은 스타들이 자신의 이름을 딴 브랜드를 출시하여 대박 브랜드로 만들기도 한다. 화장품 업계도 이미 출시되어 있고 조성아, 이경민, 정샘물, 우현증 원장의 브랜드들은 많은 인기를 끌었고 손대식, 박태윤 콤비의 제품들도 높은 지명도를 얻고 있다.

헤어 브랜드들도 이런 현상은 일반화되어 있다. 순철 원장의 순수 더살롱 트리트먼트처럼 자신의 노하우를 집대성하고 자신의 이름을 딴 제품들이 출시되고 있다. 이런 현상이 여성 소비자들에게 큰 인기를 얻는 이유는 간단하다. 비싼 비용을 내고 강남의 유명 숍에 가야 그들의 메이크업과 헤어 관리를 받을 수 있는데, 그들이 출시한 제품을 사용하면 저렴한 가격에 그들의 관리를 받는다는 대리만족감도 작용했을 것이다.

물론 품질의 만족도는 당연한 높다. 〈스타뷰티쇼〉 전 시즌을 하면서 옆에서 지켜본 수경 원장에게도 자신의 이름을 걸고 제품을 출시할 때가 된 것 같다고 몇 번이나 이야기했었다.

수경 원장이 출시한 브랜드

사실 〈스타뷰티쇼〉의 포맷이 홈쇼핑에 판매되었을 때 수경,
순철 원장과 '순수'의 타이틀로 제품을 제작해서 유통과 마케팅
을 같이 진행해보려는 계획도 세웠었다. 그후 수경 원장의 첫
제품이 기획 기간만 1년의 준비를 거쳐 탄생했다. 그녀의 첫 브
랜드는 '애블리'였다. BB와 CC의 한계를 넘는, 스킨케어와 메
이크업의 경계를 넘는 콘셉트로 스킨케어 성분만 81%로 믹싱
된 제품이다. 유통은 홈쇼핑을 통해서 진행했다. 대부분 아티스
트들의 브랜드는 홈쇼핑을 통해서 판매된다. 그래야 지명도 있

는 아티스트 본인이 나와 직접 시연하면서 제품 설명과 판매로 자연스럽게 이어지기 때문이다. 그 과정에서 자연스럽게 소비자들에게 신뢰감을 주게 된다. 실제로 GS홈쇼핑에서 첫 런칭 방송이 되던 날 수경 원장의 관리를 받던 배우 김남주가 전화 연결 후 실제 구매까지 해서 화제가 되기도 했다.

이날 방송 시간 동안만 7천 세트가 판매되었다. 이 제품을 사용해본 뷰티스트들이나 주변 여성분들의 반응은 무척 호의적이었다. 특히 광채처럼 빛나는 피부와 촉촉함을 유지해주고 자연스러운 피부 톤을 연출할 수 있다는 것을 장점으로 뽑았다. 내가 아는 여성 한분은 세트 구성은 물론 퍼프까지 마음에 들어 했다. 크림을 얼굴에 바를 때 이 퍼프가 촉감도 좋고 잘 발라진다고 한다. 더욱 업그레이드 버전의 제품이 출시된다고 하니 국내뿐만 아니라 아시아 시장 전역에 진출할 수 있기를 응원한다.

13

대륙을 공략하라 : 토종의 힘, 본비

인도네시아도 그렇지만 중국 역시 화장품 허가를 받고 진출하기가 상당히 까다롭고 힘들다.

국내에는 이름이 익숙하지 않은 브랜드, 본비(bonB). 그러나 이 브랜드를 주목해야 할 것이다. 이미 2010년 K-뷰티의 선구자라는 슬로건 아래 중국 본토에 진출해서 열심히 K-뷰티를 알리고 있는 브랜드다.

본비의 김유정 대표는 참 열정이 넘친다. 2006년에 설립된 이래 7개월 만에 26개의 가맹점을 거느릴 만큼 성장했고 이를 발판삼아 K-뷰티의 힘으로 한국의 아름다움을 전 세계에 수출하기 위해 2010년에 중국 시장으로 진출했다. 그해에 중국법인 본비미용유한회사를 설립하고 중국에 가맹점을 만들었다. 2013년에는 중국 현지에 본비 공장을 완공해 현지 공략을 본격적으로 완료했다.

본비는 이를 바탕으로 2013년 9월에 한국에 가맹점들을 다시 런칭하기 시작했다. 중국에서 인지도를 높여가고 있을 때 아시아 전역에 K-팝 한류가 불고 더불어 K-뷰티의 관심이 높아지면서 명동에서 중국 관광객들이 가장 많이 구입한 것은 화장품이었다. 그런 이유에서인지 현지화 공략을 하는 브랜드들 역시 국내의 인지도를 높여야 더욱 경쟁에 유리하다고 한다.

더욱이 본비는 한국의 전통적인 지혜와 방법을 활용하여 피부 손상을 최소화하면서 피부 스스로 재생하는 과정을 돕는 제품들이다. 역으로 다시 한국에서 런칭하다 보니 홈페이지부터 마케팅에 대한 고민이 많은 듯했다. 김유정 대표가 나를 찾아왔을 때는 단순히 PPL만을 위한 것은 아니었다. 몇 시간 동안 진지하게 브랜드 마케팅과 중국 시장에 대한 이야기를 나눴다.

우선 본비의 클렌징 제품에 대한 스토리텔링을 고민하기로 했다. 중국에 진출한 본비의 콘셉트와 일관성을 유지하면서 글로벌한 이미지를 업그레이드하는 스토리텔링이 어울릴 듯했다. 특히 유럽이나 미국에서도 동양 여성 특히 일본이나 한국 여성들의 동안 피부 비결에 대해 관심이 높아지고 있는 상황과도 잘 부합했다. 전통과 현대를 아우르는 K-뷰티의 대명사로 한국의 미를 대표하는 미스코리아 진을 출연 시켜 제품을 더욱 돋보이게 하자는 전략이었다. 그리고 그런 한국의 미를 부러워하는 러시아 모델을 등장시켜 한국 여성의 무결점 광채 메이크업 비결을 미스코리아로부터 전수받는 콘셉트로 스토리텔링을 했다.

김유정 대표는 방송도 방송이지만 그 이후의 마케팅에 대해 관심이 많았다. 녹화 내내 홍보 담당자와 김유정 대표와 함께 대기실에서 한 시간 넘도록 마케팅 전략을 짰다. 방송은 기획했던 스토리텔링대로 잘 마무리되었다. 아직 국내에 인지도가 낮아 홈페이지에 프로그램 영상을 올리고 모델들의 라이선스를 해결한 다음 SNS와 블로그를 통해 다각도로 홍보를 시작했다. 그리고 방송 후 재방송되는 시간에 맞춰 할인 이벤트를 진행했다.

물론 첫술에 배부를 수는 없다. 시즌별로 꾸준히 노출을 하고 마케팅 플랜을 짜고 제대로 실행한다면 점점 인지도가 올라갈 것이다. 방송 시점에도 디자인을 새롭게 제작했었는데 김유정 대표는 다시 디자인 변경 작업을 시작했다. 소비자가 조금이라도 불편해 하는 부분이 발견되면 다시 수정 작업에 들어가는 것이다.

본비에서 출시한 클렌징 제품

이제 본비는 국내 마케팅도 본격적으로 시작했다. 본비는 합병을 통해 국내와 중국을 이원화하는 전략으로 체질을 개선했다. 김유정 대표는 중국에만 전념하고 국내는 전문경영인을 두기로 했다. 얼마 전 김유정 대표의 전화가 왔다. 중국 방송사를 통해 뷰티 프로그램을 나와 함께 제작해 브랜드 마케팅을 해보고 싶다는 것이다. 어떤 일이 됐든 중국에서 본비가 K-뷰티 전도사가 되어 명품 브랜드로 중국인들의 사랑을 가득 받는 그날이 오기를 바란다.

14

온라인에서 오프라인으로 나오다 :
낫츠의 명품 전략

요즘은 화장품 로드숍 브랜드 매장과 백화점, 쇼핑몰에 가도 쉽게 접할 수 있는 것이 화장품이다. 심지어는 홈쇼핑에도 경쟁적으로 화장품 판매 프로그램들이 넘쳐나고 있어 쉽게 화장품을 접하고 구매할 수 있다. 또 여성들이 자주 이용하는 미용실에서도 헤어제품부터 마사지 제품까지 많은 뷰티 용품들이 판매되고 있다.

그뿐만이 아니다. 온라인 쇼핑몰들은 또 얼마나 많은가? 다양하고 좋은 브랜드들을 만날 수 있다. 토소옹, 낫츠, 로트리 등 온라인에서도 지명도 있고 꾸준히 시장을 넓혀가고 있는 브랜드들이 꽤 있다.

낫츠를 만난 것은 2013년도 가을, 시즌3을 제작할 때였다. 대표와 홍보팀장은 생각보다 젊었는데, 오랫동안 홍보 마케팅을 해왔고 홍보담당 이종성 팀장은 화장품을 알기 위해 화장품 회사에 들어가 몇 년 동안 공부를 했다고 한다. 그래서 그런지 회사 분위도 좋고 에너지가 넘쳐났다. 홈페이지를 들어가 보니 역시 마케팅 전문가들다웠다. 그동안은 주로 온라인 판매를 하다 보니 포털 사이트를 활용한 바이럴 마케팅만 3년 동안 해왔다고 한다.

나는 노우영 대표와 많은 이야기를 나눴다. 브랜드가 온라인에서 성장해 규모를 키우는 데는 한계가 있다. 아무리 제품이 좋아도 대중과 더욱 친숙해지고 브랜드 인지도를 높이기 위해서는 오프라인 진출도 생각해야 한다는 의견을 전했다. 마침내 노우영 대표도 뷰티 프로그램 PPL 출연을 결정했다. 낫츠는 제품도 좋고 워낙 바이럴 마케팅을 잘하는 브랜드이니 프로그램에서 스토리텔링만 잘 풀어내면 영상을 활용한 마케팅은 잘될 것이라 확신했다.

남녀 슈퍼모델을 등장시켜 그들이 연애코치로 나서고 일반 출연자들에게 연애 노하우와 피부 관리법을 알려주는 콘셉트로 스토리텔링을 했다. 이종성 팀장 아이디어로 '쏙쏙 크림'이라는

낫츠의 주력 상품

키워드로 풀어냈다. 우연히 남자 슈퍼모델이 시연하는 순간 쏙
쏙 잘 스며든다는 멘트와 상황이 잘 맞아 떨어져 자연스럽게 '쏙
쏙 크림'이 귀에 박혔다. 방송 후 반응은 폭발적이었다. 방송 후
매출이 30% 신장되었고 역삼동 물류센터 직원도 3명 더 충원
했다고 한다. 이어서 스타토크에 브랜드를 활용하여 '내숭 BB'
로 명명하고 마케팅을 했다. 이런 단계를 거쳐 본격적으로 오프
라인으로 진출하는 방안에 대해 고민하기 시작했다.

　기존의 기초제품 라인 밖에 없는데 색조제품 개발을 고민하
는 노우영 대표에게 연예인 모델을 계약해 브랜드를 개발하자고
제안했다. 일이 잘 풀리려고 그랬는지 당시에 롯데백화점에서

도 연락이 왔고 잠실점, 광주점, 부산점에 입점했고 신세계 면세점 아이몰에도 들어가게 됐다. 이런 상황에서 모델 계약도 잘 돼서 라인 개발에 들어가게 되었다. 이제 아시아 시장에 눈을 돌린 낫츠는 해외 진출도 시도했다.

먼저 낫츠는 홍콩에 가서 왓슨과 사사 담당자들을 만났지만 그들은 아직 국내에서만 조금 알려진 브랜드에 대해 호의적이지 않았다. 낫츠 해외 담당 김해진 팀장에게 영문 〈스타뷰티쇼〉 소개서와 낫츠가 국내 최고의 뷰티 프로그램과 같이 마케팅을 한다는 것을 어필하자고 했다. 그들도 소개서와 유튜브 영상을 보고는 상당히 고무적인 자세로 바뀌었다고 한다. 결국 왓슨과 계약을 체결하고 홍콩과 동남아 시장에도 진출하게 되었다. 정말 1년 사이에 놀라운 일들이 일어난 것이다.

왓슨에서 뷰티 왓슨(Beauty Watson)이라는 새로운 콘셉트의 매장을 오픈했는데 K-뷰티 브랜드가 많이 입점되어 있다. 그리고 기초제품 라인만 있던 낫츠에서 곧 색조 제품들도 출시될 예정이다. 얼마 전 신제품 품평회를 다녀왔는데, 홍콩 및 아시아에 진출할 색조제품에 큰 기대를 걸어도 좋을 듯하다. 온라인 강자였던 낫츠가 오프라인으로 나와 더욱더 승승장구해 아시아 시장을 누비고 톱 브랜드로 우뚝 서기를 응원한다.

15

아이디어로 승부를 걸다 :
비트 테라피

뷰티 분야에는 색조 제품과 기초 제품에도 다양한 아이템들이 있다. 워낙 뷰티 시장 자체가 포화상태이고 수많은 브랜드들이 한 가지 라인에서도 다양한 제품들로 경쟁하다 보니 소비자의 선택을 받기 위한 노력을 끊임없이 할 수밖에 없다.

삼성경제 연구소에 따르면, 국내 미용보조기구 시장 규모는 매해 10%씩 성장하고 있다고 한다. 여기에 중국과 동남아시아에 수출하는 제품이 늘면서 시장의 성장 가능성은 더욱 커지고 있다.

나는 뷰티에 관한 다양한 제품들을 자주 접하다 보니 좀더 새롭고 특별한 제품들에 눈길이 가게 된다. 굳이 우리 프로그램에

PPL로 참여시키지 않더라도 일단 사진으로 찍어 보관하는 습관이 생겼다. 그중 눈여겨 본 제품은 바로 피부 마사지 제품들이다. 이미 국내에 많이 알려진 뉴스킨 갈바닉은 고가의 제품이지만 많이 판매되고 있다. 또 하나의 제품은 일본에서 들어온 리파라는 것이이다.

라파는 크기와 기능에 따라 가격대가 30~60만 원까지 다양한데, 2012년도에는 일본에서 SK-II를 제치고 판매 1위를 한 제품이라고 한다. 기본적으로 몸에 크림을 바르고 팔목에 힘을 뺀 상태로 롤러처럼 자연스럽게 밀면 되는데 신기할 정도로 뭉쳐 있는 근육 부분에서는 롤러가 한 번에 미끄러지지 않고 두세 번 문지르면 뭉친 곳이 시원해지는 느낌을 받는다. 나 역시 전문가한테 10분 정도 마사지를 받았는데 시원한 느낌이 확실히 들었다.

점점 대중들에게 인지도를 쌓아가는 가운데 얼마 전 현대 홈쇼핑에 런칭되어 방송 종료 15분을 남겨놓고 완전 매진을 기록했다. 아쉽게도 프로그램에 참여하지는 못했지만 독특하고 인상에 남는 브랜드다.

또 다른 마사지 제품을 만나 보자. 기능도 독특하고 디자인도 아름답고 가격도 저렴한 제품이었다.

보디마사지 리파

비트테라피의 CEO는 20대의 여성이다. 대학에서 산업디자인을 전공한 후 의상디자이너로 일하다가 여러 기관 및 회사에 디자인 코칭을 하다가 사업을 시작했다고 한다. 처음 나와 만나 제품에 대해 설명하는 이영애 대표는 무척 열정적이었다. 그 당시 디자인과 기능은 구현되었지만 완성품은 아니라고 했다. 이 제품은 특이하게 음파진동 기술로 마사지를 할 수 있다. MP3 기능처럼 핸드폰을 연결해 음악을 작동시키면 음악 종류에 따라 진동도 다르게 일어난다. 발라드 음악이 흐르면 그 음폭에 따라 잔

잔한 진동이 그려지고 비트가 강한 곡이 나오면 진동도 커진다.

어떻게 이런 제품이 만들어진 것일까? 의학계 논문을 따르면 다양한 대역의 주파수가 사람의 몸에 미치는 영향도 다르다. 예를 들어 86헤르츠를 많이 포함한 음원을 들으면 편두통에 효과가 있고 52헤르츠가 많이 포함된 음원을 들으면 생리통에도 효과가 있다고 한다. 이런 것들이 의료기기로 만들어진다면 절차도 까다롭고 소비자들도 구매에 어려움이 있다는 점에 착안해 슬림비트를 만들게 되었다고 한다.

일단 우리는 스토리텔링을 고민하기 시작했다. 작가들과 회의를 계속하면서 우린 미녀들의 공통점에 주목했다. 바로 아찔한 목선과 손대면 베일 것 같은 일자 쇄골을 자랑하는 '데콜테' 여신. 데콜테란 목에서 어깨 가슴으로 이어지는 부분으로 주로 림프절이 분포되어 있다. 요즘 여성들 사이에서는 아름다운 데콜테 라인 만들기 열풍이 불고 있어 타이밍도 적절한 듯 했다.

그래서 뷰티스트 중 최강 데콜테 라인을 자랑하는 사슴녀(콘셉트상의 명칭)가 최악의 데콜테 라인을 소유한 거북녀(콘셉트상의 명칭)에게 비법을 전수하는 콘셉트로 구성했다. 또한 녹화하면서 음악을 연결하여 기기가 진동하는 모습을 클로즈업으로 보여주었다. 스튜디오에서 녹화에 참여한 20여 명의 뷰티스트의 반응은 최고였다. 친숙한 음악과 여성들의 로망인 데콜테 미인 만들기가 결합되었으니 반응이 폭발적일 수밖에 없었다.

이 제품의 장점은 한 손에 다 잡히는 사용감에 있었다. 그리고 기존의 마사지 도구들은 자신의 제품에 맞는 크림만 사용했지만 슬림비트는 집에 있는 아무 크림을 사용해도 된다. 또한 음악을 들으면서 그 음악의 진동으로 마사지를 받다 보니 음악이 주는 힐링 효과까지 더불어 누릴 수 있었다.

무엇보다 가장 큰 매력은 저렴한 가격이다. 좋은 아이디어와 특화된 시장을 겨냥해 기획된 제품이라 더욱 의미가 컸다. 방송 후 마케팅도 착실하게 잘해 나가고 있다. 현재까지 슬림비트에 대한 시장 반응은 호의적이다. 독일 발명전시회와 일본 선물용품 전에서 관련 기업들의 호평을 받고 특별상을 수상하기도 했다.

16

헬시 뷰티 : 가바링 팔찌

요즘에는 〈스타뷰티쇼〉에 협찬이나 PPL을 하고자 하는 브랜드 외에도 새롭게 런칭하는 브랜드, 마케팅 플랜을 새롭게 고민하는 브랜드들이 자주 나를 찾는다. 그럴 때면 나는 경험과 지식을 총동원하여 도움을 주고자 노력한다. 결국은 브랜드가 잘돼야 뷰티 프로그램도 활성화될 수 있기 때문이다. 그리고 K-뷰티 브랜드들이 해외 시장에 많이 진출해야 뷰티 프로그램도 글로벌화될 수 있기 때문이다. 물론 우수한 품질은 기본이다. 품질이 좋지 않으면 아무리 마케팅과 홍보에 공을 들여도 결국 소비자의 외면을 받기 때문이다.

가끔은 화장품 브랜드가 아니면서 미용도구로 불리기도 어색

한 새로운 개념의 제품들이 나에게 조언을 구하기도 한다. 〈스타뷰티쇼〉를 하면서 힐링 콘셉트, 이너 뷰티, 요가, 몸매 교정 등 다양하게 뷰티와 연관지을 수 있는 브랜드를 접해 봤기에 자신은 있었지만 가바링 팔찌는 다소 낯선 제품이었다.

이것은 팔찌 형태와 손가락에 끼는 반지 형태의 세트로 구성되어 있다. 이 제품은 손 마사지와 지압을 통해 내 손 안의 '건강선'을 자극함으로써 아름다움과 건강을 지켜준다는 콘셉트이다. 이너뷰티가 먹는 것으로 피부의 상태를 개선시킨다면 헬시 뷰티는 지압과 마사지를 통해 피부의 아름다움을 돕는다는 것이다.

가바링의 사용 방법은 간단하다. 하루에 5분씩 3번만 가바링으로 손 마사지와 지압을 하면 된다. 간단한 지압을 통해서 혈액순환에 도움을 준다는 것이다.

반지와 팔찌 세트로 구성되어 있고 20~30대 여성들을 메인 타깃으로 하고 있는 가바링의 제품은 액세서리의 기능과 건강에 도움이 된다는 이점을 결합시켜 마케팅하는 것이 좋을 듯했다. 야외에서 햇빛을 만나면 여러 빛깔을 낼 수 있는 팔찌는 20~30대 여성에게 액세서리로서 만족감을 주고 혈액순환을 통한 건강 개선, 뷰티에 도움이 된다는 것을 강조하면 소비자 입장에서 쉽게 지갑을 열수 있을 것이라고 생각했다. 그리고 컬

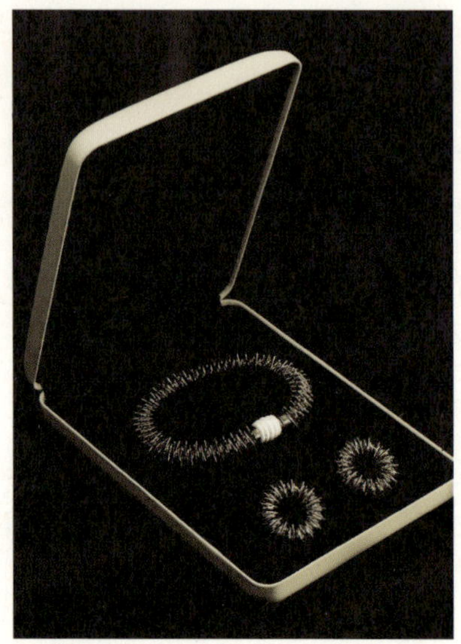

가바링 팔찌와 반지

러가 단색인 팔찌와 손가락 반지 세트는 시험을 앞둔 학생들과
부모 세대를 위한 효도 상품으로도 손색이 없을 것 같았다. 사
실 금색이나 단색은 컬러감이 좀 떨어지지만 어떤 종류는 햇빛
을 받으면 다양한 컬러감을 주기도 한다.

　가바링의 제품은 충분히 액세서리로도 훌륭해 보였다. 나는
마지막으로 브랜드의 담당자에게 '헬시 뷰티'라는 콘셉트를 가

바링에 입히면 어떨까 하는 의견을 제안했다. 건강과 뷰티라는 두 마리 토끼를 모두 잡을 수 있도록 말이다. 지금은 온라인 쇼핑몰에서 판매를 시작했지만 앞으로는 오프라인까지 점진적으로 확장해 나아갈 계획이란다. 이 제품이 자리 잡을 때 새로운 '헬시 뷰티'도 하나의 트렌드가 될 것이다.

데일리 향을 바디에 입혀라 :
러블리 메모리

요즘은 많은 여성들뿐만 아니라 남성들도 향수에 관심이 많고
자주 사용한다. 그러다 보니 자신만의 특화된 향을 갖고 싶은
욕구들도 점차 생겨나고 있다. 그런 이유에서인지 최근에는 바
디 제품들도 향이 좋게 나온다. 이런 제품으로 향수처럼 애용하
는 여성들이 많아지고 있는 추세이다.

　이런 트렌드를 반영한 것이 바로 러블리 메모리의 바디 제품
들이다. 러블리 메모리 올인원 바디 로션은 4가지 라인별로 각
기 다른 향이 난다. 기존의 바디 제품들처럼 보습과 탄력 유지
에 도움을 주고 피부의 촉촉함을 유지해주는 것이 특징인 제품
이다.

채수남 대표가 처음 우리 프로그램을 찾아왔을 때는 마케팅에 관한 전략과 방송 후 진행 방향이 명확하지 않았다. 그냥 뷰티 프로그램에 좋은 제품을 소개해 알리고 싶다는 생각뿐이었다.

브랜드 입장에서는 단순히 방송에 노출되면 바로 효과를 볼 수 있다고 생각한다. 그렇지만 전혀 그렇지 않다. 방송과 더불어 브랜드에서 철저한 마케팅 전략과 툴을 준비해야만 많은 시너지 효과를 볼 수 있다. 러블리 메모리의 홍보 담당자에게 방송 후 마케팅 방향에 대해 조언을 하고 우리는 1차 스토리텔링 작업을 진행했다.

무엇보다 러블리 메모리가 국내에서 생소한 브랜드이니 브랜드를 알리는 마케팅 전략을 장기적으로 잡는 것이 좋겠다고 생각했다. 시즌1과 시즌2에서 각각 한 번씩 지속적으로 브랜드를 알리고 바이럴 마케팅을 진행한 다음 유명 스타를 브랜드 모델로 기용하자고 제안했다.

하지만 첫 방송이 나간 후 포털 사이트에 들어가 보니 방송 후 바이럴 마케팅이 전혀 진행 되고 있지 않고 할인 이벤트 등 적극적인 마케팅의 징후가 포착되지 않았다. 나는 브랜드 MD, 홍보팀 담당자에게 1주일 동안 계속 전화를 하면서 매출 현황과 홈페이지 사용자 유입률 그리고 바이럴 마케팅 상황을 체크했다. 아마 브랜드에서도 이상하게 생각했을 것이다. '방송국 프로듀서가 프로그램만 잘 만들면 되지 왜 회사 마케팅까지 이렇게 챙기지?' 누차 강조하지만 뷰티 프로그램이 잘 되려면 뷰티 업계가 활성화되고 새로운 브랜드들이 자리를 잡아야 하기 때문이다. 그것이 곧 프로그램 콘텐츠를 다양하게 확보할 수 있는 길이다.

1주일이 지나고도 아무런 변화가 없어 나는 대표에게 직접 연락을 했다. "이렇게 진행하는 것은 우리와 맞지 않습니다. 아무리 PPL(간접광고)이라도 이렇게 대충 마케팅이 진행된다면 제 자존심이 허락하지 않습니다." 나는 그저 기업으로부터 협찬 비용을 받고 방송에 제품을 노출해주는 PPL이라고 생각하면서 프로그램을 진행한 적이 없다. 그 누구보다도 제품의 콘셉트를 잡아내고 그것을 창의적인 스토리텔링으로 풀어내는 일을 즐겼고 소비자들의 폭발적인 반응에서 쾌감을 느꼈다. 그것은 콘텐츠로 승부하는 프로듀서의 승부사적 기질 탓이기도 했다.

그 후 대표와 마케팅에 대한 이야기를 많이 나눴다. 일단 명함과 제품 디자인을 바꿀 필요가 있다고 제안했다. 회사 이름은 CNJ KOREA인데, 제품은 러블리 메모리이다 보니 자꾸 헷갈렸기 때문이다. 회사명과 브랜드를 통일시키고 명함 자체도 브랜드가 자연스럽게 홍보되는 것이 좋겠다고 했다는 얼마 지나지 않아 바로 실천에 옮겼다. 그런데 그것보다 더 큰 문제는 제품 용기의 디자인이었다. 제품의 용기의 디자인을 바꾼다는 것은 엄청난 비용이 들어가기 때문에 신중하게 접근해야 했다.

변경 전 용기의 용량은 큰 반면 디자인이 세련되지 못했다. 국내는 물론 세계를 대상으로 마케팅을 하기 위해서는 디자인을 변경하고 세련되게 포장할 필요가 있다. 나만 이렇게 조언한 것이 아니라 롯데 홈쇼핑 관계자들과 MD도 같은 이야기를 했다고 한다. 그 이후 바로 디자인 변경 작업에 들어갔고 용기의 디자인이 바뀌자 매출은 크게 상승하기 시작했다.

사실 러블리 메모리는 국내에서 낯선 브랜드다. 2007년에 창립된 CNJ KOREA의 첫 번째 자체 브랜드다. 주로 주문자 생산방식으로 제품을 만들어 수출하던 중소기업으로서 연 매출은 30억 규모였다. 일본, 중국, 홍콩 등의 드럭스토어 매장과 개인 브랜드숍 위주로 독자적인 영업망을 확보해나가고 있다.

러블리 메모리는 매년 홍콩 세계뷰티 박람회와 일본 후쿠오카의 헬스&뷰티 박람회, 독일 뒤셀브르크의 뷰티 박람회 등에서 해외 바이어들에게 호평을 받고 있다. 그러다 보니 국내 마케팅을 강화하는 데 민첩성도 떨어지고 매번 방송을 준비하면

러블리 메모리 디자인 변경 전   러블리 메모리 디자인 변경 후

서 어려움을 겪었다. 그래서 두 번째 스토리텔링 작업을 할 때
는 좀 더 브랜드 성격을 보여줄 수 있는 콘셉트로 준비했다. 바
디 모델로 유명한 모델을 주인공으로 섭외하여 그녀의 데일리
향 케어 비법을 전수해주는 콘셉트로 스토리텔링을 했다.

러블리 메모리가 4가지 라인으로 각기 다른 향을 내기 때문
에 요일 별로 각기 다른 향을 사용하는 방법을 방송에서 보여주
고자 했다. 이번에는 브랜드에서도 방송 후 바이럴 마케팅 전략
을 잘 세워 일정에 맞춰 진행해나갔다. 그러자 바로 효과가 나

타났다. 낮은 브랜드 인지도에도 불구하고 방송 전보다 매출이 15% 정도 상승했다. 무엇보다 홈페이지 유입자 수가 크게 늘어 브랜드 인지도가 상승했다는 것이 가장 큰 성과였다.

해외 바이어가 한국 방문을 하는 일정이 잡히면 러블리 메모리 대표는 나에게 방송국에서 함께 미팅을 해줄 수 있느냐고 부탁했다. 나는 흔쾌히 응했다. 왜? 해외 바이어들과 내가 미팅을 같이 하면 브랜드의 신뢰도는 높아지고, 나는 해외 시장 동향도 살필 수 있고 이런 저런 정보들을 얻기 때문이다. 또한 〈스타뷰티쇼〉를 해외 뷰티 업계에 홍보하는 효과도 얻을 수 있다. 실제로 그들은 방송국으로 미팅을 오기 전에 유튜브로 프로그램을 찾아보고 관련 기사나 블로그도 검색해본다. 한 홍콩 바이어는 미팅 후 나와 촬영한 기념 사진을 인스타그램에 올려 우리 프로그램을 홍보해주기도 했다.

러블리 메모리의 브랜드 인지도는 조금씩 올라서고 있다. 러블리 메모리의 대표는 농담 반 진담 반으로 이렇게 이야기하곤 한다. "CNJ KOREA로 피디님을 스카우트하고 싶습니다." 감사한 말씀이지만 나는 뷰티 프로그램 프로듀서로서 앞으로 가야 할 길이 멀다. 최근에는 다른 TV 뷰티 프로그램에서 러블리 메모리와 협찬 진행을 하자는 연락이 많이 온다고 한다. 그럴 때마다 〈스타뷰티쇼〉 이야기를 하면서 정중히 거절한다고 한다. 비즈니스에서 이런 신뢰 관계가 구축되어 있으면 상대방의 진정성을 느낄 수 있다. '소비자를 생각하며 좋은 재료 비율을 높게 한다'는 채수남 대표의 말에도 진정성이 느껴진다.

18

홍대 거리에서 '플래시 몹'을 하다 :
필립스 비자퓨어 진동클렌저

피부과 의사들이 추천하는 아름다운 피부 관리법에는 다음 세 가지가 반드시 들어간다. 각질제거를 꾸준히 하고, 자외선에서 피부를 보호할 선 블록(sun block) 제품들을 바르고, 마지막으로 화장 후 클렌징을 잘하면 아름다운 피부를 유지할 수 있다는 것이다. 특히 매일 화장을 하는 여성들은 저녁에 반드시 클렌징을 해야 한다. 젤, 크림, 오일, 워터형 등 다양한 제형의 클렌징 제품들이 우리 프로그램에 참여했었고, 그중에서도 '거미줄 클렌징', '악마의 3초 보습' 클렌징은 유명세를 치렀다. 그런데 이외에도 진동클렌저라는 기계로 된 클렌징 제품들도 있다. 진동 파운데이션도 출시되어 큰 반향을 불러일으키기도 했는데 클렌저 분야도 마찬가지다.

클라리소닉과 필립스의 비자퓨어 진동클렌저 역시 자동 제품들이다. 그 중 내가 만난 것은 필립스의 비자퓨어 진동클렌저였다. 필립스의 첫 번째 스토리텔링은 미스코리아 지역 예선 출신의 신인 배우가 클렌징 노하우를 뷰티스트에게 비법을 전수해주는 콘셉트로 진행했다. 클렌징은 너무 대중적이어서 독특하거나 새로운 것이 없다. 하지만 오히려 대중적이기 때문에 공감할 수 있는 요소들이 많아 유리한 부분도 있었다. 공감대라는 것은 브랜드의 친숙한 이미지와도 연결되므로 중요한 포인트다. 첫 방송은 콘셉트대로 방송이 잘 마무리되었고 롯데 아이몰에서 매출도 상승했다.

그런데 그 다음이 고민이었다. 박선영 이사와 두 번째 프로젝트를 진행하려는데, 뭔가 신선한 것을 요청해왔다. 제품은 새롭게 달라진 것이 없고 클렌징에 대한 이야기를 색다르게 해야 하기 때문에 난감하기만 했다.

나는 플래시 몹에 주목했다. 트위터에 비자퓨어 이미지를 심고 장소와 시간을 알려주고 클렌징에 대해 알아본다며 선물 증정의 글과 리트윗 요청을 올렸다. 1차로 명동 밀레오레 앞에서 진행한다고 알렸는데 리트윗 수가 꽤 나왔다. 곧 장소 변경을

필립스 비자퓨어 진동 클렌저

하고 2차 고지를 했다. 이번에는 영등포 타임스퀘어 광장 앞을 지명했다. 그리고 3일 후 마지막으로 홍대 앞 놀이터로 확정하여 고지했다. 사실 트위터의 리트윗 글을 보고 직접 촬영 현장에 찾아오는 것을 기대하지는 않았다. 3번의 장소 고지의 리트윗을 통해 클렌징 특집 시연을 한다는 것과 비자퓨어 이미지를 노출하는 효과를 노렸기 때문이다.

이런 기법은 한때 유행하던 플래시 몹에서 힌트를 얻었다. 불특정 다수의 사람들이 이메일과 휴대전화 문자메시지를 통해

특정한 날짜 · 시간 · 장소를 정한 뒤에 모인 다음, 약속된 행동을 하고 아무 일도 없었다는 듯이 흩어지는 모임이나 행위를 일컫는 말인데 이것 자체가 엄청난 이슈가 되곤 한다.

홍대 놀이터에서 진행된 클렌징 특집은 아티스트들이 두 팀으로 나뉘어 거리에서 20~30대 여성 100명을 골라 직접 자신들의 클렌징 노하우로 시연을 하고 100여 명의 투표로 좋은 클렌징 비법을 뽑는 대결이었다. 물론 두 팀 모두 자신들의 노하우를 펼치되 클렌징은 동일하게 비자퓨어를 사용했다.

현장에서 투표 후 비자퓨어 선물 증정 이벤트도 준비되어 있어서 반응은 뜨거웠다. 그리고 브랜드와 우리도 새로운 시도를 했다. 아티스트들이 클렌징을 하는 동안 모바일로 영상을 찍어 뷰티스트 100명의 카카오톡으로 전송하여 현장 투표를 진행하는 방식이다. 투표 참여율은 80% 정도였고 뷰티스트들의 반응은 뜨거웠다. 또 브랜드도 카카오플러스에 홍대 놀이터에서 촬영한 예고편을 방송 전에 링크를 걸고 이벤트 참여까지 진행하는 새로운 프로모션을 선보였다.

이런 경험들은 당장의 결과보다 새로운 마케팅 소구점을 만들어낸다. 필립스의 이런 마인드 덕분에 더 많은 소비자가 비자퓨어를 선택하는 기회를 얻을 것이라고 확신한다.

19

클렌징의 모든 것을 보여주다 :
페이스인페이스

화장은 하는 것보다 지우는 것이 중요하는 말에 많은 여성들이 공감한다. 사실 뷰티 프로그램을 몇 시즌 진행하다 보니 가장 많이 접하는 라인이 클렌징 제품들이다. 제형도 다양하고 제품군도 많다 보니 경쟁도 그만큼 치열하다.

평소에 제작진들과 회의를 하면서도 클렌징 특집을 하고 싶었다. 모든 제형의 클렌징 제품을 놓고 뷰티스트 투표로 가장 좋은 제형의 클렌징을 뽑아보자는 것이었다. 그러나 우리 프로그램이 PPL(간접광고)로 이루어지다 보니 쉽게 진행하기는 어려웠다. 그런데 기회가 왔다. 마이뷰티다이어리는 데일리팩에 관한 방송을 함께 했었는데, 클렌징 라인도 제형별로 다양하게 있으니 함께 방송하자고 제안한 것이다.

다양한 제형의 클렌징 제품을 진행해봤는데 최근 트렌드로 급부상하고 있는 것이 클렌징 워터이다. '물로 화장을 지운다?' 여성들이 가장 선호하는 오일과 폼 타입의 클렌징 제품은 필수이고 이제는 새로운 제형의 클렌징 제품들이 계속해서 나오고 있는 상황이다.

클렌징 시장을 보면 그동안 일본 제품들의 품질이 국내 제품보다 우수했다. 사실 우리나라와 다르게 일본에서는 짙은 아이 메이크업을 더욱 강하게 하는 경향이 있기 때문에 클렌징 제품들의 개발이 활발했고 당연히 품질도 뛰어났던 것이다. 일본은 아이 메이크업뿐만 아니라 속눈썹 제품들도 디자인이 다양하고 화려한 것이 특징이다. 때문에 그에 상응하는 우수한 세정력을 가지면서도 자극이 덜하거나 혹은 사용자의 편의를 충분히 배려한 좋은 클렌징 제품들이 많을 수밖에 없다. 하지만 최근에는 우리나라 클렌징 제품들도 품질이 우수해지고 다양해졌다.

페이스인페이스는 전세계 화장품이 가장 치열하게 경쟁하고 있는 홍콩 시장에서 2014년 1월 홍콩 매닝스에 한국보다 먼저 제품을 런칭했다. 그것은 결코 일본 제품의 품질에 뒤지지 않는다는 것을 스스로 증명해 보인 것이다. 그만큼 K-뷰티의 위상

페이스인페이스의 워터클렌징

은 하루가 다르게 올라가고 있다.

우리는 '클렌저 공방전'이라는 콘셉트로 클렌징 오일, 폼, 클렌징 밀크, 클렌징 워터 중에서 뷰티스트들이 선호하는 클렌저를 선택하는 방식으로 프로그램을 구성했다. 물론 인조 피부에 메이크업을 하고 지우는 시연도 직접 해봤다.

뷰티스트들 역시 다양하게 클렌저 제품들을 사용하기 때문에 본인들의 선호도에 따라 클렌저 제품들을 선택했다. 클렌징 오일을 선택한 뷰티스트들은 딥 클렌징에는 오일 성분이 최고라고 했는데, 정말 오일의 세정력은 강력하다. 또 하나의 장점은 물없이 화장솜에 묻혀서 그냥 닦아내면 되는 편리성에 있다. 피곤하고 귀찮을 때 화장실까지 갈 필요 없이 그냥 화장솜으로 닦아내면 되는 편리함과 보습력이 좋다는 것이다. 그러나 반대로 클렌징 오일은 무거운 느낌이 있어 안 쓴다는 여성들도 많다.

클렌징 밀크를 선택한 뷰티스트들은 깨끗한 피부를 위해 중요한 것은 '저자극'이라고 생각했다. 민감성 피부인 여성들은 클렌징을 할 때 조금만 자극을 받아도 피부가 뒤집어지기 때문에 자극 없이 화장을 녹여주는 밀크 성분을 선호한다고 했다. 그러나 여성들에게 가장 오랫동안 사랑받은 제품은 클렌징 폼이다. 클렌징 후에 촉촉함을 더해주고 느낌이 개운하기 때문이다.

뷰티스트 각자의 선택의 이유를 듣고 자신들이 선택한 클렌저로 직접 시연을 했다. 뷰티스트 전원의 민낯이 공개되는 클렌징 특집이었다. 시연을 마치고 최종 선택의 시간이 왔다. 처음에 자신들이 선택한 클렌저를 선택할 것인가? 아니면 다른 클렌저의 시연 결과를 보고 처음과 다른 선택을 할 것인가? 다양하게 표가 분산되었지만 가장 많은 표를 받은 것은 클렌징 워터였다.

피부과 전문의들이 추천하는 아름다운 피부 유지 비법 중 클렌징은 필수로 들어간다. 아름다운 피부를 유지하고 싶다면 매일 클렌징을 꼭 해야 할 것이다.

20

립스틱, 피부를 선택하라 :
바비브라운 립스틱

립 메이크업은 얼굴 위에 피는 꽃과 같다고 할 만큼 메이크업의 화룡점정이다. 그러나 모델들의 화려한 입술이 갖고 싶다고 무작정 따라했다가는 낭패를 보기 십상이다. 립 메이크업은 기본적으로 입술 모양과 피부 톤에 따라 컬러를 골라야 하는데 그렇지 않으면 얼굴 전체의 메이크업 밸런스를 무너뜨릴 수 있다.

그래서 준비한 프로젝트는 피부 톤에 따라 한층 더 돋보이는 립 컬러 선택법과 립 메이크업 리얼 웨이 활용법이다. 이 프로젝트는 바비브라운과 함께 하기로 했다. 바비브라운은 브랜드 창업자인 브라운 여사가 아직도 생존해 있고 우리에게는 물광 메이크업으로 유명한 바비브라운 물광 파운데이션을 만든 글로벌 브랜드다. 바비브라운은 시즌1때도 우리와 함께 프로젝트를 진행했던 친숙한 브랜드다.

메이크업 시연은 바비브라운의 노용남 수석 아티스트가 참여했다. 그가 제시하는 '절대 실패하지 않는 피부 톤별 립 메이크업'은 간단하다. 일단 자신의 피부 톤을 잘 알아야 한다. 작은 분홍색 종이와 파란색 종이만으로 쉽게 피부 톤을 확인할 수 있다. 자신의 얼굴 옆에 분홍색 종이를 대고 비교를 하면 하얀 얼굴은 하얀 피부로 보이고, 검은 얼굴은 붉게 보이는 착시현상이 일어난다. 붉은 얼굴은 검은 피부 톤이 나타난다. 또 파란색 종이를 얼굴 옆에 대고 얼굴을 보면 하얀 얼굴은 노란색을 띠고 검은 얼굴은 붉은 색을 나타낸다. 그리고 노란 얼굴은 하얀색으로 보인다. 집에서 이렇게 간단하게 자신의 피부 톤을 확인할 수 있다.

자신에게 맞는 피부 톤을 확인했다면 거기에 어울리는 립 컬러를 골라 메이크업을 하면 된다. 하지만 립스틱 컬러가 다양한 만큼 컬러만 보고 무작정 발랐다가는 입술만 동동 뜨게 된다. 만약에 전체적으로 하얀 피부 톤이라면 핑크 컬러가 잘 어울릴 것이다. 사실 '남자들이 가장 원하는 여자의 립 컬러' 설문 조사에서 1위는 핑크가 차지했다.

2014년 바비브라운 립스틱

그렇지만 핑크에도 베이스 핑크에서부터 핫핑크까지 다양하니 섣부르게 선택할 수도 없다. 자세한 립 메이크업 팁은 네이버 TV캐스트에서 찾아보면 된다. 앞에서도 언급한 적이 있지만 컬러 색조 메이크업은 조명이 생명이다. 조명이 좋아야 컬러의 원래 색감이 잘 표현되기 때문이다. 간단하게 남성들이 가장 선호하는 핑크 립스틱에 대해 조금 더 이야기를 해보자. 바비브라

운의 2014년 신상 립스틱컬러 중 마이애미 핑크의 시연을 살펴
보자. 첫 단계로는 입술 안쪽부터 물들이듯 자연스럽게 펴 바른
다. 이때 브러시에 소량의 립스틱을 묻혀 립 안쪽에서부터 꼭 입
술에 물이 들듯 자연스럽게 안에서 바깥으로 펴 발라주면 된다.

그리고 립 전체를 꽉 채운다는 느낌으로 립스틱으로 입술 주
름을 따라 한 번 더 채워준다. 립 전체를 꽉 채워 바른다는 느낌
으로 브러시가 아닌 립스틱으로 입술 주름을 따라 한 번 더 꼼꼼
하게 메워주면 피부가 한결 밝아 보인다. 그 이유는 립 메이크
업으로 시선이 분산되면서 전체적으로 안색이 살아난 듯한 느낌
이 들기 때문이다. 별 다른 피부 표현을 하지 않고서도 피부 톤
과 립 컬러가 서로 시너지 효과를 내면서 마치 피부 톤이 한 단
계 밝아진 것 같은 착각이 들게 되는 것이다.

꼭 포털 사이트에서 〈스타뷰티쇼〉 영상을 찾아보길 바란다.
립스틱은 주로 입생로랑과 조르지오 아르마니, 맥 위주로 방
송을 많이 했는데 바비브라운의 마이애미 핑크와 블레이징 레
드 컬러를 보니 또 다른 매력이 밀려왔다. 방송 후 바비브라운
과 사전 마케팅에 대한 플랜을 가지고 진행하기도 했지만 반응
은 뜨거웠다. 바비브라운의 립 메이크업이 포털 메인에 오르자
반나절 만에 조회 수가 10만 건을 훌쩍 넘어버렸다. 물론 브랜

드 매출도 훌쩍 뛰었다. 자세한 마케팅 방법을 모두 설명하기는 어렵지만 그만큼 립 메이크업에 대한 여성들과 남성들의 관심이 뜨겁다는 것이 증명되었다.

21

'공대녀', '공무원' 되다 :
마이뷰티다이어리 데일리 팩

앞에서도 몇 번 언급했지만 브랜드 스토리텔링에서는 메인 카피를 뽑는 것이 중요하고 힘든 작업이다.

〈스타뷰티쇼〉의 네 시즌 동안 여러 메이크업 방법과 브랜드 네이밍 작업을 해서 많은 반응을 얻어 왔었다. 그중 시즌4에서 진행했던 '공무(無)원녀'라는 스토리텔링이 아주 뜨거운 반응을 얻어냈다. 도대체 공무원녀가 무엇일까? 궁금할 것이다. '공대녀, 공무원 되다?' 공대에 다니는 여대생이 공무원 시험에 합격해 공무원이 된 스토리일까? 아니다. 이 카피의 주인공인 브랜드는 '마이뷰티다이어리'라는 대만 브랜드이다. 이미 타 뷰티 프로그램에 한번 출연한 적이 있는데 브랜드 홍보 마케팅에 많은 도움이 되지 않아 우리 프로그램에 대해서도 어느 정도 걱정을 하는 듯했다. 사실 마이뷰티다이어리는 국내에서는 생소하지만 홍콩 시장 점유율 50%를 자랑하는 중화권 인기 브랜드다(물론 〈스타뷰티쇼〉 이후 우리나라에서 인지도가 높아졌다).

이 브랜드를 한국에 유통하는 조성준 대표는 처음 대만 브랜드를 들여오면서 패키지, 디자인, 마케팅 콘셉트를 새로 잡아서 판매를 시작했다고 한다. 마이뷰티다이어리의 제조는 대만에서 이루어지지만 미국에 별도로 연구소도 운영되고 있다. 마이뷰티다이어리의 가장 큰 장점은 데일리 케어 콘셉트이다. 세럼(피부에 영양과 수분, 윤기를 공급하는 미용 농축액)이 가벼워 사용하기 쉽고 피부에 부담이 없다. 많은 피부과 전문의들이 피부를 위해 보다 적게 바르는 것을 추천하지만 우리나라에서는 제품을 많이 바르는 편이고 스킨케어 단계가 많다. 물론 요즘은 이런 단계를 줄여주는 제품들도 많이 출시되고 있다. 필요 이상의 분량을 바르게 되는 경향이 많은데, 그보다는 제대로 흡수시키는 것이 더 중요하다.

시트나 화장 솜에 세럼을 도포한 뒤 20~30분 붙여 효과적으로 흡수시키는 것만으로도 충분하다. 이에 착안 〈스타뷰티쇼〉 작가들은 스토리텔링 작업에 들어가면서 카피도 고민을 했다. 국내 마스크팩은 오일 베이스 세럼을 채택하는 경우가 많은 편인데, 마이뷰티 다이어리는 겔 베이스 타입이라 유막을 형성해주지 못하기 때문에 보습에 부족함을 느낄 수 있다. 하지만 피부에 그만큼 부담이 적어 매일 사용할 수 있는 장점이 있다. 우리는 이 점에 주목했다. 요일별 콘셉트를 다르게 해서 토종꿀 마스크, 클레이 화이트마스크, 밀크&그레인 마스크, 오이 마스크, 에그 마스크를 요일에 맞는 의미를 부여해 콘셉트로 구성하기로 했다. 여성들은 아이케어, 자외선 차단, 모공케어를 중요하게 생각한다는 점도 스토리텔링의 주요한 요소로 구성했다.

그리고 깜짝 놀랄만한 장치를 했다. 녹화에 참여하는 22명의 뷰티스트 전원의 민낯을 공개하며 현장에서 바로 데일리 팩을 얼굴에 붙여 시연한 것이다. 시청자들은 '자신이 하면 어떻게 될까?'라는 점을 궁금해 하는데 우리는 방송에 그런 궁금증을 바로 풀어준 것이다. 아무리 좋은 뷰티 팁과 전문가의 설명이 있다고 해도 자신이 직접 사용했을 때의 느낌을 보는 것은 다르기 때문이다. 그래서 사전에 뷰티스트들의 피부 속 수분도를 측정하고 그녀들의 모공 사진도 공개 했다. 그 중 모공이 가장 크고 피부 수분케어가 필요한 '공대녀(모공이 크다는 의미)'에게 모공 하나 보이지 않아 '공무원(모공이 작아 없어 보인다는 의미)'이라는 별

명이 붙은 뷰티스티의 노하우를 전수해주는 식으로 녹화가 진행
되었다.

여기서 잠깐! 모공 관리를 왜 해야 할까? 모공은 피지가 샘솟
는 구멍이다. 피부 보호를 위해 피지가 분비되는 분화구인 모공
은 원래 아주 작아 현미경을 사용하지 않고는 절대로 볼 수 없는
크기이다. 하지만 그 모공이 피지 덩어리로 막혀 있다면 피부는
스스로를 보호하기 위해 더 단단한 벽을 쌓기 때문에 모공관리를
잘해야 한다. 모공 안에 피지와 노폐물이 끼지 않고 원활히 배출
될 수 있도록 팩을 하거나 꼼꼼히 클렌징을 해야 하는 이유다.

뷰티스트들이 클렌징을 한 후 모두 얼굴에 초록색 팩을 붙인
풀샷은 기억에 남을 만한 장면이었다. 그리고 10분 후 미온수
에 팩을 씻어낸 다음에 뷰티스트들의 피부 상태를 다시 체크했
다. 사실 스튜디오에서 클렌징과 팩 제품을 시연할 때는 세밀한
부분까지 꼼꼼히 챙겨야 한다. 제품의 제형에 따라 조명의 영향
을 상당히 많이 받기 때문에 원하는 결과의 그림을 얻기 힘든 경
우가 많다.

팩을 떼어낸 후 참가자들의 모공 속 수분도가 대폭 상승하고
모공 속도 투명하게 아름다워졌다. 방송 후 마이뷰티 다이어리
의 인지도는 급상승했다. 각종 포털 사이트에는 '공무원녀'라는

검색어 밑에 마이뷰티 다이어리가 함께 검색되었고 공무원녀로 출연했던 뷰티스트는 연예인 못지않은 인기를 누렸다.

지금 생각해도 '공대(大)녀, 공무(無)원 되다'라는 카피는 참 훌륭하다. 아직도 포털 사이트에서 검색되는 유명 키워드다. 방송 후 오픈마켓에 런칭된 이 제품은 매출도 상당히 올랐고 대만 본사에서도 상당히 고무되어 바로 다음 제품 출연을 의뢰해왔다.

22

영상 콘텐츠는 마케팅의 기본이다

케이블 방송마다 왜 이렇게 많은 뷰티 프로그램들이 우후죽순 생겨난 것일까? 그것은 시청률보다는 뷰티 브랜드들의 치열한 마케팅 전쟁과 무관하지 않다고 생각한다. 기존의 화장품 기업들은 신제품이 나오면 당연히 스타를 섭외하여 화보를 찍고 잡지에 광고를 냈다. 그리고 TV 광고로 마케팅을 집중했다.

물론 이런 방법 외에도 기존에는 여러 가지 마케팅 기법들이 있었지만 TV와 잡지의 매체 영향력이 점차 감소하고 있는 요즘에는 아무래도 인터넷과 모바일 쪽으로 마케팅의 중심축이 이동한 듯하다. 모바일의 강력한 광고 효과와 모바일용 콘텐츠들이 많이 생겨나고 있는데 최적화된 플랫폼인 모바일로 집중되고 있다. 그러나 모바일용 콘텐츠의 핵심은 바로 영상이다.

화장품 브랜드들은 시즌마다 새로운 색조 화장품들을 내놓는다. 잡지를 펼쳐보면 수많은 브랜드들이 출시한 매력적인 색조 화장품 화보들이 페이지를 수놓는다. 나 역시도 미용실에 가면 일부러 새로 나온 잡지들을 찾아본다. 어떤 브랜드에서 어떤 신제품을 어떤 콘셉트로 출시했는지 궁금하기 때문이다. 그러나 화보들을 보면서 한 가지 의문이 든다. 이 브랜드의 제품들은 어떤 순서로 어떻게 발라야 이렇게 멋진 메이크업이 될까?

그러나 불행히도 잡지는 인쇄 매체이기 때문에 메이크업이 완성되는 과정을 소비자에게 보여줄 수 없다. 이러한 형태의 정보는 TV처럼 움직이는 화면을 보여줄 수 있는 매체를 통해서만 가능하다.

예를 들어 화장품 도구 관리법이나 세척 등에 대한 잡지의 특집 기사는 매년 단골 메뉴였지만 소비자들은 그 기사를 보고 따라 하기가 쉽지 않다. 바로 이 점에 착안하여 나는 시즌3때 기획 코너로 이 주제를 방송한 적이 있다. 세밀한 방법으로 깨끗해지는 화장품 도구들을 보고 스튜디오 방청객의 반응은 뜨거웠고 포털 사이트에 올라간 영상 조회 수는 몇 십만을 거뜬히 넘었다.

브랜드들의 입장에서도 마찬가지다. 스타를 활용해 TV 광고를 하면 좋지만 무엇보다 비싼 비용이 문제다. 이와 달리 뷰티 프로그램은 광고 효과 대비 비용이 적게 든다. 더욱이 대기업 브랜드가 아닌 중소 브랜드들은 더욱더 뷰티 프로그램을 선호할 수밖에 없다. 실제로 뷰티 프로그램에는 중소형 브랜드의 출연 비율이 높았다. 그런데 의외인 것은 온라인 전용 브랜드들도 뷰티 프로그램을 선호한다는 것이다. 그 이유는 무엇일까? 그들도 온라인 마케팅을 하는 데 영상 콘텐츠가 필요하기 때문이다. 실제로 온라인 전문 브랜드인 낫츠가 바이럴 마케팅을 하는데, 영상 없이 바이럴 마케팅만 하는 경우와 뷰티 프로그램 출연 후 그 영상과 함께 바이럴 마케팅을 하는 경우 매출액이 2~3배 정도 차이가 났다고 한다. 그만큼 TV 뷰티 프로그램이 뷰티 브랜드의 마케팅에 지대한 영향을 미치고 있다.

시장 조사 전문기관 엠브레인트렌드모니터가 전국의 만 19~44세 성인 여성 1,000여 명을 대상으로 TV 뷰티 프로그램에 대한 조사를 실시했다. 그 결과 전체 여성 응답자의 91.2%가 뷰티 프로그램을 시청한 경험이 있는 것으로 나타났다. 그만큼 뷰티 전문 프로그램에 대한 여성들의 관심과 니즈가 크다는 것을 알 수 있다. 더욱 놀라운 결과는 뷰티 프로그램의 시청자 중 72.4%가 프로그램에서 소개된 제품을 구입한 적이 있다는 것이다. 하지만 이런 성공에 안주하며 변화를 모색하지 않는다면 뷰티 프로그램도 큰 위기를 맞이할 것이다.

돈이 된다고 하니 정제되지 않는 카피 프로그램들의 여기저기서 생겨나고 지루한 뷰티클래스를 중계하는 듯한 식상한 프로그램들은 전체 뷰티 프로그램의 경쟁력을 갉아먹을 것이다. 뷰티 프로그램도 투자를 하지 않고 공을 들이지 않으면 출연하는 화장품의 격을 떨어뜨릴 수 있다. 그래서 내가 주안점을 두고 고민한 것은 세트와 조명이었다. 화려한 무대 세트와 훌륭한 조명이 제품을 빛내고 아름다운 색감을 시청자들에게 그대로 전달할 수 있기 때문이다.

이런 면에서는 지금도 〈스타뷰티쇼〉가 최고라고 자부한다. 실제로 입생로랑, 조르지오아르마니, 맥, 바비브라운 등 내로라하는 립 컬러를 내세우는 명품 브랜드들은 〈스타뷰티쇼〉만 찾는 이유도 바로 여기에 있다. 자신의 제품을 가장 돋보이게 연출해주는 프로그램이니까!

세트는 전체적으로 명품 매장들을 옮겨다 놓은 듯한 콘셉트로 디자인했다. 최근에 완성된 상암동 SBS 프리즘 타워의 훌륭한 시스템으로 색조 화장품 같은 경우 최고의 컬러를 살려내고 있다고 자부한다. 이 세트에 나오는 브랜드들은 모두 명품이 된다. 이렇게 세트와 조명에 공을 들인 이유는 이 영상이 포털과 유튜브에서 마케팅 소스로 활용되고 아시아 전역으로 K-뷰티의 전도사가 되어 퍼져 나가기 때문이다.

그러나 이러한 노력에도 불구하고 케이블 TV의 뷰티 프로그램은 모바일과 포털 사이트의 자체 제작 콘텐츠와 경쟁해야 하는 상황에 직면해 있다. 잡지가 TV 뷰티 프로그램의 등장으로 마케팅과 광고에서 많은 어려움을 겪었듯이 뷰티 프로그램들도 포털 사이트와 모바일 환경에서 그들의 자체 제작물과 경쟁해야 하는 시대로 진입한 것이다. 게다가 잡지들도 모바일 환경에 맞는 영상 콘텐츠로 무장하여 다시 경쟁 무대로 진입하고 있다.

이런 현상을 보면 역시 영상 콘텐츠가 가지고 있는 마케팅의 힘은 무척 크다. 이젠 화장품 회사들도 자체로 모바일을 활용한 마케팅을 하고 있다. 서포터즈를 활용한 뷰티클래스의 영상을 올리기도 하고 자신들의 신제품을 알리는 잡지광고에 QR코드를 활용해 사진의 제품으로 화장하는 과정을 영상으로 볼 수 있도록 하기도 한다.

포털 사이트들도 자체로 뷰티나 스타일 프로그램을 제작하기 시작했다. 매거진들도 어플리케이션을 활용하여 뷰티앱을 제작해 다양한 브랜드 광고를 흡수하기 시작했는데 비용이 저렴해 인기를 끌고 있다. 최근에는 스타를 섭외해 그녀의 뷰티 팁에 대한 영상을 제작하여 앱에 올리기 시작했다.

이런 환경을 극복하고 경쟁에서 살아남기 위해 뷰티 프로그램들도 많은 노력과 대비를 해야 한다. 사업팀에서 〈스타뷰티쇼〉 앱을 시작했고 홈쇼핑에 포맷 판매로 유통망을 확장하고 아시아 시장을 끊임없이 두드리며 글로벌 전략을 내세우는 것도 이런 이유에서이다. 최고의 프로그램은 그저 운이 좋아서 그냥 만들어지는 것이 아니다. 최고가 되기 위해 그 누구도 따라올 수 없는 최선의 노력을 해야 한다.

23

뷰티 프로그램, 홈쇼핑에 진출하다

뷰티 프로그램을 기획 제작하면서 포맷으로 아시아 시장에 진출하고 전 시즌의 방송 분량을 판매하는 등 콘텐츠 수출을 아시아 시장에 집중했다.

앞에서도 자주 언급했지만 이런 콘텐츠의 해외 진출은 아시아 시장으로 진출하려는 K-뷰티와 발맞춰 문화 수출과 K-뷰티 브랜드들의 홍보 역할을 수행할 수 있다는 장점이 있다. 그러면서도 국내 시장에서 뷰티 프로그램의 효과를 극대화하기 위한 노력을 게을리하지 않았다. 그 중 하나가 뷰티 프로그램에 출연했던 브랜드의 홈쇼핑 진출이다. 사실 우리나라에서 홈쇼핑만큼 강력한 판매 루트는 없기 때문이다. 국내의 대기업 브랜드들도 높은 가격의 제품을 전략적으로 홈쇼핑에 많이 노출하여 판매하고 있다. 뷰티 관련 홈쇼핑 시장에서는 LG생활건강과 아모레퍼시픽이 시장을 주도하고 있다고 해도 과언이 아니다.

그동안 구축해온 포털 사이트 및 SNS 바이럴 마케팅 외에 홈쇼핑까지 영향력을 확보한다면 그 어떤 브랜드보다 경쟁우위를 점할 수 있다. 사실 〈스타뷰티쇼〉를 처음 시작했던 2012년도 4월 기획 단계에서부터 홈쇼핑과 연계한 브랜드 마케팅을 고민했었다. 당시 GS 홈쇼핑과 접촉했지만 의견 차이로 더 이상 진전되지는 못했다. 결국 우리의 프로그램 기획서와 코너 구성, 프로그램 타이틀 등 많은 정보만 노출하고 말았다. 하지만 시간이 흘러 〈스타뷰티쇼〉의 시즌이 계속되면서 IMC 팀에서 롯데 홈쇼핑에 프로그램 포맷을 판매하는 계약을 이뤄냈다.

홈쇼핑 담당 연출자 그리고 MD와 미팅하면서 나는 아이디어를 제공했다. 어차피 프로그램이 시즌제로 가면서 인지도가 높으니 포맷을 가져가려면 스튜디오 세트 느낌도 비슷하게 하면 어떻겠냐는 제안을 했다. 그동안 홈쇼핑 뷰티 프로그램을 보면 쇼호스트와 전문가가 나와 계속 제품만 보여주며 설명하는 식인데, 소비자들은 식상해하고 있었다.

그러나 우리 프로그램에서 뷰티스트가 MC석 옆에 나와 있듯이 홈쇼핑 프로그램에서도 MC석 옆에 아름다운 뷰티스트들의 적극적인 리액션과 쇼호스트의 인터뷰를 통해 리얼리티를 높이면 좋겠다고 제안했다. 롯데 홈쇼핑 담당 연출자도 흔쾌히 좋다고 했다. 그리고 우리 뷰티스트들을 추천해달라고 했다. 롯데 역시 모바일과 블로그 바이럴 마케팅의 필요성을 알고 있었고 여러 가지로 장점이 많다고 생각한 듯했다.

그렇게 한 시즌이 홈쇼핑에서 방송되고 롯데에서는 긍정적인 평가들이 이어졌다. 물론 그다음 시즌은 여러 문제로 계속 하지 못했지만 그 이후 여러 홈쇼핑에서 이런 시스템을 활용하기 시작했다. 우리가 처음 시도했던 방식이 이제는 웬만한 홈쇼핑 프로그램(패션, 뷰티, 스타일)에서 일반적인 포맷이 되었다. 더불어 〈스타뷰티쇼〉 출신 뷰티스트들의 활동도 활발해지고 있다.

이제는 모바일의 파워가 커지면서 홈쇼핑도 모바일 기반의 SNS와 블로그에서 마케팅을 적극적으로 하고 있다. 어떤 홈쇼핑에서는 쇼호스트들이 블로그 활동을 의무적으로 하도록 내부 규정을 정하기도 했다. 자신과 프로그램 그리고 상품까지 블로그에 포스팅하도록 하는 것을 보면 바이럴 마케팅의 힘과 실효성을 알 수 있다.

24

컴퓨터 그래픽과 수경 원장의 메이크업 대결

뷰티 프로그램을 몇 시즌 하다 보니 아이디어가 늘 부족하다. 매년 S/S 시즌과 F/W 시즌으로 양분된 화장품 시즌의 패턴이 거의 비슷하고 유사한 제품들의 스토리텔링을 해야 하기 때문에 새로운 아이디어로 기획해도 매년 시즌마다 비슷한 것만 나올 수밖에 없다. 그러다 보니 참신한 아이디어를 얻기 위해 브랜드 담당자들과 통화나 미팅을 하거나 서점을 자주 찾는다. 사실 거기서 많은 아이디어를 얻어와 프로그램에 반영했다.

한번은 브랜드 도매업체에 컨설팅 미팅을 하러 갔는데, 한 임원이 외국의 한 브랜드 광고 영상을 보여주며 참고해보라고 했다. 컴퓨터 그래픽 전문가(CG)와 메이크업 아티스트의 메이크업 대결을 콘셉트로 한 CF이었다. 사람과 컴퓨터가 메이크업 대결을 펼친다고? 물론 컴퓨터 그래픽 전문가의 메이크업은 투박해 확실하게 표가 나서 메이크업이 예쁘지는 않았다. 그렇지만 재미있는 시도였다. 방송국에 들어와 작가들에게 링크된 영상을 보여줬다. 다들 재미있다는 반응에 우리도 해보자고 했다.

체스나 바둑은 컴퓨터와 대결하는 장면을 간혹 해외토픽에서 보곤 했는데, 메이크업도 가능할까? 프로그램의 MC인 수경 원장과 컴퓨터 그래픽이 대결하기로 했다. 하지만 나는 단서 조항을 달았다. 영상에 나오는 것처럼 투박한 CG면 하지 않겠다는 것이다. 컴퓨터 그래픽 메이크업 수준이 실제 화장하는 모습에 가깝게 나와야 진행할 수 있고 포토폴리오를 미리 보고 결정하자고 했다.

며칠 후 작가들이 건네준 영상과 사진을 보니 놀라울 정도로 실제에 가까운 수준으로 컴퓨터 그래픽 메이크업을 하고 있었다. 대결을 할 컴퓨터 그래픽 디자이너는 국내의 많은 CF와 화보의 보정 작업을 맡고 있는 박성원 감독이었다. 이에 맞선 메이크업 아티스트 수경 원장은 대한민국 최고의 배우들을 전담하며 수많은 메이크업 스타일을 히트시킨 경험이 있다. 일단 수경 원장에게 대결 콘셉트를 설명하고 녹화 일정과 메이크업 아이디

어를 달라고 하자 수경 원장은 부담스러워했다. 빅매치 코너의
부담감을 일찍이 경험해본 데다가 더욱이 컴퓨터와의 대결은 생
소하고 컴퓨터의 포토샵 기능을 익히 알고 있기 때문이었다.

나는 〈스타뷰티쇼〉 아니면 평생 이렇게 재미있는 경험은 못
할 것이라고 설득했다. 여하튼 녹화는 시작되었고 이 흥미진진
한 게임은 옆에서 지켜보는 제작진이나 뷰티스트들도 설레게
했다.

게임 방식은 이렇다. 민낯의 뷰티스트가 스튜디오에 나오면
사전에 컴퓨터 그래픽 감독은 사진을 찍어 기초 메이크업 작업
을 먼저 시작한다. 왜냐하면 컴퓨터로 메이크업 CG작업을 하
려면 시간이 꽤 걸리는 데 반해 수경 원장은 10분 정도면 마무
리되기 때문이다. 그래서 사전 기초 메이크업 작업을 하고 무대
에서는 색조작업에 들어갈 때 동시 대결을 펼치게 했다. 대결
주제는 스포트라이트를 받았을 때 피부가 빛이 날 수 있는 물방
울 메이크업이었다. 이 메이크업은 피부 표현이 가장 중요하다.

시작 전 수경 원장은 자신만만해 하고 있었다. '과연 컴퓨터
가 피부 빛을 잘 표현할 수 있을까요?' 하며 박성원 감독을 자극
했다. 그러나 대결이 시작되자 두 MC의 상황중계 멘트에 수경
원장은 더욱 긴장하고 계속 컴퓨터 그래픽의 메이크업 진행 상

황을 궁금해 했다. 녹화 내내 화면을 보면서 결과는 당연히 사람이 하는 메이크업이 이길 것이라고 생각했다. 드디어 메이크업이 마무리되고 투표에서는 수경 원장이 압도적인 표 차이로 승리했다. 그러나 컴퓨터 그래픽의 메이크업을 보고 수경 원장은 대단하다는 평가를 내렸다.

이런 새로운 시도가 프로그램을 더욱 빛나게 하기도 하지만 메이크업 기술 발전에도 도움이 될 것이라고 생각했다. 메이크업은 창조적인 예술 활동이면서 동시에 삶의 일부이다. 끊임없이 새로운 것을 찾아야 한다. 그것이 경쟁력이라는 것을 이번 대결을 통해서 다시 한 번 확인했다. 발상의 전환은 또 다른 발전의 계기를 가져온다.

K-뷰티,
아시아의 트렌드가 되다

3부

01

글로벌 마케팅, 홍콩에 가다

K-팝의 열풍은 일본, 중국 그리고 동남아를 넘어 남미까지 이어지고 있다. 비스트와 포미닛을 보기 위해 공항을 가득 메운 남미 팬들의 모습을 보면, 이제는 K-팝이 하나의 문화 콘텐츠로 세계 속에 각인되었다고 생각한다.

이런 한류의 인기를 타고 아시아 시장에서 급속하게 퍼지고 있는 것이 K-뷰티다. 한국 걸 그룹처럼 희고 깨끗한 피부를 가지고 싶다는 외국인의 니즈를 충족시키기 위해 시작한 K-뷰티는 아시아 시장에 급속도로 확산되고 있다. 이런 K-뷰티의 현상을 자세히 알아보고자 〈스타뷰티쇼〉는 '아시아 뷰티 여행 특집'을 기획했다. 아시아 뷰티 트렌드를 주도하는 나라인 도쿄와 홍콩 특집을 진행하면서 보고 느꼈던 것들을 하나씩 이야기하고자 한다.

우선 세계적인 쇼핑 도시로 유명한 홍콩. 그중에서도 가장 트렌디한 패션 스트리트로 유명한 '코즈웨이 베이'를 가봤다. 코즈웨이 베이는 최신 트렌드를 이끄는 쇼퍼들의 핫 플레이스다. 전통적으로 쇼핑하면 하버시티나 캔톤 로드, 네이든 로드가 홍콩의 중심이었지만 다양한 트렌드에 맞게 발전해가고 있는 곳은 코즈웨이 베이다. 그래서 그런지 이 거리에는 한국의 스타일 아이콘이자 〈스타뷰티쇼〉의 안방마님인 서인영처럼 스타일리시하고 개성 있는 사람들이 많았다.

우리는 호기심이 생겼다. 이렇게 패션 감각이 뛰어난 그녀들의 파우치 안에는 어떤 화장품들이 있을까? 트렌디한 그녀들의 선택을 받은 브랜드라면 왠지 신뢰가 갈 듯했다. 우린 명동에서처럼 〈스타뷰티쇼〉 MC 군단이 지나가는 여성들을 잡고 뷰티에 관한 인터뷰를 시도하면서 은근슬쩍 파우치를 보여 달라고 했다. 개인의 화장대를 보면 그 사람이 평소 뷰티에 얼마나 관심이 있는지 알 수 있다. 그러니 화장대의 축소판인 파우치를 보면 홍콩 여성들의 뷰티에 관한 성향을 알 수 있으리라 예상했다.

사실 그녀들의 파우치에서 K-뷰티 브랜드들이 있었으면 하는 기대감이 있었다. 워낙 홍콩에서 한류가 인기 있고 샤샤, 왓슨스, 드럭스토어 매장 등에 한국 브랜드들이 많이 진출해 있기 때문이었다.

그런데 놀랍게도 인터뷰를 진행하는 동안 〈스타뷰티쇼〉를 인터넷으로 봤다는 '광팬'을 만났다. 그녀는 〈스타뷰티쇼〉 MC인 서인영과 수경 원장 등을 알고 있었다. 특히 메이크업 아티스트인 수경 원장을 알아본 것은 또 하나의 큰 수확이었다. 홍콩 촬영 이후 동남아시아 쪽에 콘텐츠와 포맷 수출을 위해 미팅을 하면 그들이 항상 원하는 것이 있었다. 관계자들은 한국의 메이크업 아티스트가 직접 프로그램에 출연할 수 있느냐고 제안하곤 했다. 그만큼 그들은 K-뷰티에 관심이 높았다. 또한 K-뷰티 메이크업을 블로그에 올려 서로 정보를 공유하고 직접 메이크업을 따라 하는 동남아권 여성들이 많아지고 있다. 아시아로 진출 준비를 하는 브랜드라면 이러한 현상을 관심 있게 분석하고 활용할 방법을 모색해야 한다.

촬영 중에 그녀들의 파우치 공개로 우리는 홍콩 여성들이 가지고 있는 화장품을 다양하게 볼 수 있었다. 4~5명이 공개해준 파우치 안에는 평균 2~3개 정도의 K-뷰티 브랜드가 있었다.

그녀들은 BB크림, 미스트, 립스틱 등 다양한 K-뷰티 화장품들을 사용하고 있었다. 한 홍콩여성에게 '홍콩 브랜드에도 BB크림이 많이 나올 텐데 왜 한국 제품을 쓰나요?'라고 물었다.

그녀는 이렇게 대답했다. "꼭 한국 제품이라서 이것만 쓰는 건 아니에요. K-뷰티를 좋아하다 보니까 거기서 제안하는 메이크업을 하고 싶어서 고르게 됐어요. 다행히 제 피부에 딱 맞아서 계속 사용하고 있어요."

BB크림은 자외선 차단 효과가 있으면서 파운데이션처럼 커버력도 상당해 한국여성들에게 필수 아이템이다. 이러한 한국 브랜드의 BB크림이 홍콩에서도 인기가 많았다. 또 다른 제품인 미스트도 반응이 좋았는데 홍콩은 습하기 때문에 의외였다. 굳이 미스트가 필요하냐고 물어보니 이렇게 답했다. "습하긴 한데, 기후와 상관없이 메이크업을 오래 하고 있고 실내에만 있으면 피부가 상당히 건조해져요. 그럴 때마다 틈틈이 미스트를 뿌리는 편이죠."

물론 글로벌 브랜드들이 많이 있고 한국 화장품 몇 개 사용하는 것이 뭐 대단한 일이냐고 하겠지만 뷰티 프로그램을 하는 나로서는 감동을 받았다. 홍콩 촬영을 통해 브랜드 파워는 뷰티 프로그램인 콘텐츠와 인터넷이 만나서 빠른 속도로 광범위하게 퍼진다는 것을 확인했다. 아시아 진출을 준비하는 K-뷰티 브랜드들은 이런 점에 주목해야 한다. K-팝 스타들을 모델로 내세워 진행하는 스타 마케팅이나 그들이 나오는 방송에 상품을 PPL로 활용하는 방법도 좋은 전략이 된다.

홍콩 외에도 중국과 태국 등도 화장품 시장이 발전할 가능성이 높다. 이 국가들은 여전히 한류를 좋아하고 찾는다. 브랜드들이 원하면 이런 환경에 맞춘 콘텐츠를 기획할 준비는 언제든지 되어 있다. 시장 상황은 콘텐츠와 맞물려 돌아간다는 것을 간과해서는 안 된다. 뷰티 콘텐츠를 만들었고 앞으로도 만들 내가 늘 명심하는 점이다.

홍콩의 뷰티 박람회에서 만난
중소기업 브랜드의 힘

2013년 화장품 시장 매출은 '해외시장'이 주도했다. 물론 그 중심엔 아모레 퍼시픽이나 LG생활건강이 있고 브랜드숍들과 중소업체들의 해외 진출 덕분에 국내 시장의 불황을 만회할 수 있었던 한 해였다. 화장품 수출은 2012년 대비 한 해 동안 27.1% 증가했으며 중국이 가장 큰 비중을 차지했다. 동시에 대만, 미국, 베트남, 태국 등지에서도 국내 화장품 업체들의 매출이 늘었다. 대기업인 아모레퍼시픽이나 LG생활건강은 그렇다 쳐도 중소 브랜드들의 아시아 강세는 고무적인 일이다.

특히 동남아시아 시장에서 선전한 토니모리도 눈길을 끈다. 현재 토니모리는 홍콩, 일본에 이어 인도네시아, 말레이시아 등 동남아 9개국에서 총 74개 지점을 운영하고 있다. 이런 중소 브랜드의 숨겨진 힘은 무엇일까? 그래서 우린 2013년 홍콩 뷰티 박람회를 방문했다. 세계 화장품 브랜드들이 모이니 최신 트렌드도 알 수 있고 K-뷰티 브랜드들의 경쟁력도 확인할 수 있는 좋은 기회이기 때문이었다.

〈스타뷰티쇼〉 팀이 박람회 입구에서 촬영을 시작할 때 많은 홍콩인이 모여 사진촬영을 했다. 그만큼 한류의 인기를 실감하는 순간이었다.

방송에서는 흔히 '킬러 콘텐츠'라는 말을 많이 한다. 콘텐츠 하나로 많은 부가 가치를 창출해내는 것으로 '효과 100% 콘텐츠'라고 하면 이해가 빠를 것이다. 2014년 상반기에 종영한 '별에서 온 그대'는 시청률과 더불어 전지현의 스타일과 메이크업이 수많은 화제를 낳았다. 그녀가 사용한 아이템은 삽시간에 완판이 됐으며 출연한 광고 역시 큰 이익을 창출했다. 이런 현상은 국내뿐만 아니라 중국까지 이어져 중국인들의 퇴근 시간을 당기고 '치맥'을 유행시키기까지 했다. '별에서 온 그대'는 킬러 콘텐츠 그 자체였다.

비즈니스에서 이와 같은 역할을 하는 제품이 있다면 이것이 바로 '킬러 브랜드'이지 않을까? 비즈니스에서 브랜드는 '스타'

뷰티 박람회에 출품한 카버코리아의 화장품 디자인 세트

와 유사한 개념이다. 브랜드는 소비자에게 '가치 있는 상품'이라는 것을 인식시켜주기 때문에 스타의 역할을 담당한다. 방송에서 프로그램을 스타로 만들기 위해 연예인이라는 인격화된 스타를 투입한다면, 마케팅에서는 제품을 스타로 만들기 위해 '스타 브랜드'를 투입한다. 이 스타 브랜드가 가져 오는 경제적 가치는 상상초월이다. 그래서 많은 기업들이 오늘도 치열하게 스타 브랜드를 만들기 위해 분주히 움직인다.

독특한 디자인의 카버코리아의 샤라샤라

　뷰티 박람회에서 나의 눈길을 끈 것은 독특한 디자인의 브랜드들이었다. 위의 사진은 미스트인데 아기자기한 캐릭터 디자인이 눈길을 끈다. 이 상품은 중소기업 제품이다. 우선 디자인 자체로 먼저 고객의 시선을 유도한다. 글로벌 브랜드들이 그래왔던 것처럼 이런 독특한 브랜드들은 리미티드 제품을 기획하거나 유명 화가 작품으로 용기를 디자인하는 등 다양한 전략을 내세운다.

독특한 디자인의 브랜드를 뒤로 하고 우리는 홍콩 관람객들을 대상으로 투표를 진행했다. 주제는 'K-스타의 피부 표현'이었는데 이를 통해 한류 인기를 체감해보고 싶었다. 그래서 투표 진행을 지원해줄 브랜드관 앞에서 전지현의 촉촉한 피부와 원더걸스 소희의 매트한 피부 표현에 대한 투표를 진행했다. 결과는? 전지현의 촉촉한 피부 연출법이 홍콩 여성들의 많은 선택을 받았다. 투표 결과를 통해 아시아 여성들은 촉촉한 피부 톤에 관심이 많다는 것을 다시 한 번 알 수 있었다.

이 브랜드 역시 뷰티 박람회에서 만난 K-뷰티 브랜드로 수출을 많이 하는 중소 브랜드다. 수출이 주요 전략이었던 BRTC는 〈스타뷰티쇼〉 출연 이후 뷰티 프로그램을 통한 홍보와 온라인 바이럴 마케팅을 강화하여 국내에 브랜드 인지도를 올리는 데 많은 힘을 기울였다. 우린 박람회 현장에서 BRTC 제품을 사용한 메이크업 시연을 받을 지원자를 모집했다. 투표 시 선정된 촉촉한 피부 연출법에 적합한 피부 건조녀를 찾았고 메이크업 시연은 국내 최고의 메이크업 아티스트인 수경 원장이 진행했다.

박람회에서는 거의 모든 브랜드들이 각자의 부스를 차려놓고 브랜드 홍보를 한다. 대부분이 바이어 미팅 위주라서 관람객을

BRTC 제품들

위한 이벤트를 진행하는 브랜드가 거의 없었다. 우리는 그 점에 착안하여 수경 원장을 통해 직접 K-뷰티 메이크업 시연 퍼포먼스를 BRTC 부스 앞에서 진행했다. 많은 관람객들이 부스 앞에 몰려들고 보도진들도 그 광경을 취재하기에 분주했다. 북적거리는 관중에 끊이지 않는 카메라 셔터 소리까지. 우리의 이벤트는 확실히 성공적이었다.

모두 수경 원장의 메이크업에 시선을 빼앗기고 제작진들마

홍콩 뷰티 박람회에서 수경원장이 시연하는 모습

저 이런 흥미로운 이벤트에 즐거워했다. 이런 작은 프로모션 하나에 고객이 느끼는 감동이나 브랜드 친화력은 생각보다 크다고 본다.

모든 마케팅의 목표를 '한번 고객을 다시 찾는 고객으로 만드는 것'이라 정의할 수 있다면 우리가 한 이벤트는 이것과 약간 다르다. 우리는 단지 고객 확보가 아닌 소비자가 원하는 가치를 콘텐츠에 담아내고 싶었다. 모든 브랜드의 MD들은 소비자의 니즈를 만족시켜주는 상품을 만들기 위해서 노력하지만 단순히 니즈가 아니라 소비자의 꿈을 담은 상품을 기획한다면 소비자가 느끼는 감동은 훨씬 커질 것이다.

03

몽콕의 에뛰드하우스 1호 매장

홍콩 뷰티 박람회를 메인으로 홍콩 특집을 준비하면서 에뛰드하우스와 접촉했었다. 에뛰드하우스가 어떤 모습으로 홍콩 여성들의 사랑을 받고 있는지를 촬영하고 싶었기 때문이다. 하지만 PPL 문제도 있었고 워낙 에뛰드하우스와 타 뷰티 프로그램과의 지속적인 관계 때문인지 우리의 제의를 채택해주지 않았다. 좋은 기회였다고 생각했는데 아쉬웠다.

그래도 에뛰드하우스 매장을 보기 위해 몽콕으로 향했다. 몽콕(레이디스마켓) 시장, 거리 이름은 통초이 스트리트다. 여성 관련 상품을 주로 취급해서 붙은 애칭이 레이디스 마켓인데, 이 이름으로 더욱 많이 알려졌다. 우리나라의 동대문 시장과 비슷한 장소다. 이곳은 여성의류와 머플러, 액세서리, 화장품, 신발 등을 주로 판매한다. 그리고 한때는 일명 짝퉁 가방으로도 유명했던 시장이다. 몽콕은 무엇보다도 저렴한 가격이 장점이지만 재래시장은 뭐니 뭐니 해도 흥정이 필수다. 몽콕은 아직도 재래시장 분위기가 나는 상권도 있지만, 지하철과 가깝고 상권이 좋은 곳은 현대식 쇼핑센터가 들어서 있었다.

이곳에서 흥행 돌풍을 일으키고 있는 에뛰드하우스 1호점을 만날 수 있었다. 매장을 보는 것만으로도 설레었다. 홍콩의 명소에서도 가장 좋은 위치에 있을 뿐만 아니라 많은 사람이 에뛰드하우스를 방문하는 모습이 보기 좋았다.

에뛰드하우스 맞은 편에는 현대식 쇼핑센터들이 들어서 있는데 1층에는 대부분 K-뷰티 브랜드 매장들이 입점해 있다. 홍콩에는 많은 K-뷰티 브랜드들이 진출해 있다. 세계 최대 시장인 중국으로 가는 관문인 홍콩은 글로벌 뷰티 브랜드들의 전쟁터다. 홍콩은 연간 4,000만 명 이상의 중국인이 방문한다. 중국 본토 시장을 놓치고 싶지 않은 K-뷰티 브랜드들에겐 최고의 전초기지인 셈이다. 몇 년 전부터 토니모리, 미샤, 더페이스샵, 고운세상, 에뛰드하우스, 듀이트리, 잇츠스킨 등 국내 브랜드숍이나 중소 브랜드들이 홍콩에 진출해 K-뷰티 홍보 역할을 톡

레이디스 마켓에 있는 에뛰드하우스 1호점

톡히 하고 있다.

더불어 한국 브랜드들이 홍콩에 진출하면서 홍콩 화장품 시장에 지각변동이 생겼다. 홍콩의 저가 브랜드들이 인기를 잃었고 그 자리를 빠르게 K-뷰티 브랜드들이 대체해 나갔다. 현재도 유럽의 고가 브랜드와 K-뷰티 브랜드들의 2파전이 진행 중이다.

앞에서도 언급했지만 촬영 내내 홍콩 여성들이 우리 촬영 팀을 카메라로 찍고 한국말로 인사도 건네기도 하는 등 관심을 많이 가졌다. 가이드에 의하면 현재 홍콩에는 K-팝 붐이 일어나 한국어 열풍이 불었다고 한다. 실제로 우리에게 한국말로 기념사진 촬영 요청을 한 여성들도 어학당에서 한국어를 배우고 있다고 했다. 그녀들의 파우치 안에서도 K-뷰티 브랜드들이 한두 개씩은 발견할 수 있었는데 그녀들뿐만 아니라, 대부분 홍콩 여성들이 기본으로 K-뷰티 브랜드를 가지고 다닐 정도였다. 그만큼 K-뷰티 브랜드들이 해외에서 많은 사랑을 받고 있다는 증거였다.

에뛰드하우스의 몽콕(레이디스 마켓) 1호점은 2012년 11월 오픈 당시 2,000명 이상의 고객이 줄을 섰다고 한다. 그리고 첫날 매출이 5천만 원을 넘었다. 엄청난 일이다. 실제로 이 매장에 연일 수백 명이 밤새 줄을 서며 며칠간 1억, 일주일간 2억 원의 매출을 올렸다고 한다. 한 매장에서 이 정도 매출이라면 경이로운 기록이다. 실제로 내가 직접 방문한 날도 매장 안에는 화장품을 고르는 많은 여성들로 붐볐다. 에뛰드하우스는 중화권에서 인지도가 높은 샤이니와 에프엑스 멤버인 크리스탈, 설리를 모델로 내세웠다. K-팝과 K-뷰티의 한류 시너지를 이용하겠다는 마케팅 전략이었다.

다시 한 번 홍콩 투어를 진행한다면, 홍콩에서도 성공적인 진출을 한 에뛰드하우스와 함께 촬영하고 싶다. 비록 우리와 함께하지 못했지만 아시아 뷰티트렌드를 주도하는 데 일조한 에뛰드하우스에게 박수를 보낸다.

04

토니모리, 홍콩을 넘어 중국으로 간다

토니모리는 〈스타뷰티쇼〉에서 빠질 수 없는 브랜드다. 내가 〈티아라의 꽃미남들〉이란 리얼리티 프로그램을 할 때 메인 스폰서였던 브랜드이기도하다. 또한 뷰티 프로그램 기획안을 가장 먼저 검토한 브랜드 중 하나가 토니모리다. 토니모리는 프로그램 초창기에 우리에게 많은 힘을 실어주고 일본 뷰티 투어도 함께 참여했던 브랜드다. 그만큼 토니모리는 아시아 시장에 공격적으로 진출하고 있는 브랜드이기도 하다.

국내 화장품 시장은 이미 성장이 둔화되는 성숙기 단계에 접어들었다고 해도 과언이 아니다. 브랜드 수도 많고 브랜드숍도 넘쳐난다. 어디를 가도 쉽게 찾을 수 있는 것이 화장품 매장이다. 제조업체가 1,577개사, 수입업체를 포함한 판매업체는 4,268개사에 달할 정도로 경쟁이 과열되고 있다.

현지 소비자의 니즈에 맞춘 우수한 품질의 제품 개발, 그리고 국내보다는 해외 시장 진출에 주력하여 국내 화장품 산업을 글로벌화 하는 것. 이것이 치열한 경쟁에서 살아남을 수 있는 전략이다. 앞에서 언급한 것처럼 해외 100대 화장품 기업들이 모두 자국에만 판매해서 놀라운 성장률을 보인 것은 아니다. 대부분 글로벌 진출로 이뤄낸 결과인 것이다.

토니모리는 홍콩에서 K-뷰티 브랜드 중 가장 인지도가 높은 브랜드 중 하나이다. 매년 200~300% 성장을 거듭해온 이 브랜드는 2014년에는 250%의 성장을 이어가고 있다. 홍콩의 뷰티 시장은 연간 10억 달러 규모로 아시아에서 가장 규모가 크다. 이러한 시장을 뷰티업계가 놓칠 리가 없다.

초기에는 한류 연예인에 대한 동경으로 홍콩 여성들이 한국 화장품을 구매했다. 현재는 품질과 디자인의 우수함을 확보하여 지속적인 재구매를 유도하고 있다. 이러한 흐름으로 토니모리는 홍콩 시장 점유율을 높여가고 있다.

우리는 홍콩 뷰티 투어를 하면서 정말 그러한지 두 눈으로 확인하고 싶었다. 토니모리 매장을 방문해 그곳에서 현지 여성을 수경 원장이 메이크업해주는 콘셉트로 촬영을 진행했다. 뷰티 박람회에서 했던 것처럼 이런 작은 이벤트만으로도 다른 브랜드들에게 주목도 받고 현지 여성들에게 더욱 홍보할 수 있다. 매장은 전망 좋고 관광객도 많이 찾는 곳에 위치해 있었다. 우리 예상대로 촬영 내내 많은 여성들이 관심 있게 메이크업 하는 것을 구경했다.

실제로 홍콩에서 K-뷰티의 메이크업 비법을 전수하는 뷰티 파워블로거들도 토니모리 제품을 좋아하고 사용한다고 했다. 홍콩 뷰티 투어 등의 과감한 마케팅을 진행하는 토니모리의 안목과 의지를 보면 확실히 홍콩에서 브랜드의 강세와 높은 점유율을 확인할 수 있었다.

방송 후 2년이 지난 지금. 현재의 토니모리의 홍콩에서의 위상은 더욱 대단해졌다. 2014년 현재 토니모리 홍콩은 사사, 왓슨, 매닝 등 홍콩 내 유력 숍에서 총 320개의 지점에 입점한 것까지 포함하여 총 340여 개의 매장을 보유하고 있다. 홍콩에 진출한 국내 브랜드 중 최고의 시장 점유율을 가지고 있는 셈이다.

까다롭기로 유명한 하버시티 페이시스는 홍콩의 화장품 마켓으로 가장 많은 소비자가 모이는 곳이다. 명품 브랜드 위주로 입점 되는 곳이라 진입 장벽이 엄청 높은 곳으로 유명하다. 토

토니모리 매장에서 메이크업 시연하는 모습

니모리의 경우, 홍콩 내 브랜드 인지도가 높아지면서 이례적으로 페이시스 측으로부터 한국 브랜드 최초로 입점 제안을 받았다. 여러 장벽을 뚫고 입점한 토니모리는 현재까지 눈부신 성과를 만들고 있다. 그런 토니모리가 〈스타뷰티쇼〉 시작부터 홍콩, 일본 뷰티 투어까지 함께했다는 것은 내게 대단한 자부심이다. 앞으로도 토니모리의 무궁무진한 성장을 기대하고 응원한다.

05

고운세상, 사사 매장의 모델 마케팅

홍콩에서 화장품을 한눈에 볼 수 있는 곳. 저가 브랜드부터 고가 브랜드까지 총망라해 다 모여 있는 곳. 바로 침사추이 사사 매장이다. 홍콩은 매력적인 쇼핑 도시이다. 이미 전 세계적으로 명성이 자자하지만 말이다. 그래서 홍콩에서는 각종 박람회가 많이 열린다. 세계 3대 뷰티 박람회부터 모피 박람회, 주얼리 박람회 등이 열리고 그 기간에는 전 세계에서 많은 관광객이 쇼핑하러 홍콩으로 몰려오기 때문에 숙소를 잡기 어려울 정도다.

박람회장에서 촬영하며 들은 이야기인데 모피나 주얼리를 아주 저렴한 가격에 살 수 있는 방법이 있다고 했다. 보통 박람회 종류와 일정은 인터넷으로도 미리 확인할 수 있다. 그러면 보통 박람회 시작하는 날이나 다음날 가지 말고 마지막 날에 가면 물건을 반값 이하로도 구입할 수 있다. 전시회가 끝나고 남은 물건을 다시 포장해서 가져가려고 하면 비용이 많이 든다. 업체는 재고를 처리하기 위해 원가에도 그냥 넘긴다고 한다. 그래서 모피, 주얼리 박람회 마지막 날에는 특히 한국 여성들이 많이 온다고 했다.

홍콩으로 명품 쇼핑을 하러 간 관광객들은 알겠지만 매장에 손님을 한꺼번에 다 입장시켜 쇼핑하는 시스템이 아니다. 고객이 충분히 상품을 살펴볼 시간을 주고 그 다음 손님을 입장시키는 방식이다. 이처럼 홍콩의 브랜드 매장 직원들의 서비스는 좋았었다. 그런데 요즘은 중국 사람들 때문에 많은 변화가 있다고 한다. 금요일과 주말에는 중국에서 많은 사람이 와서 명품을 싹쓸이해 간다고 한다. 그들의 재력과 소비력에 놀라지 않을 수 없다. 최근 한국의 백화점이나 명동에서도 중국인들의 통 큰 소비가 화제였기 때문에 짐작할 수 있을 것이다. 홍콩 매장에서도 매출 부분은 그리 크게 걱정하지 않다 보니 소비자들에 대한 서비스가 예전 같지 않다는 말이 많다. 하지만 홍콩은 여전히 쇼핑하기에 매력적인 곳이다.

홍콩 뷰티 투어 두 번째 미션은 'K 프로젝트, 홍콩 뷰티 랭킹

NO.1 찾기'였다. 우리는 〈스타뷰티쇼〉 MC 군단을 두 팀으로 나눴다. 수많은 매장을 둘러보며 본인이 생각하는 홍콩의 'K-뷰티 NO.1 제품'을 찾아야 한다. 그것이 기초제품이거나 색조 제품, 헤어제품이든 하나를 골라 매장 매니저가 정답을 공개하는 식으로 구성했다.

나 역시 어떤 제품이 1위를 할지 궁금했다. 첫 번째 미션인 '홍콩 여성들의 파우치에서 K-뷰티 브랜드 찾기'를 너무 쉽게 성공했기 때문에 두 번째 미션 역시 무난할 것으로 생각했다. 다만 어떤 라인의 제품이 1위가 될지 기대됐다. 물론 나도 촬영하면서 마음에 둔 라인이 있었다. 정확한 브랜드는 몰라도 BB 크림이 아닐까 하고 예상했다. 워낙 한국에서 인기 있고 멀티 기능이 있어 홍콩 여성들의 관심을 끌기엔 충분한 제품이었다.

침사추이 사사 매장을 들어서자 눈이 휘둥그레졌다. 남자인 내가 봐도 보는 제품마다 탐이 났다. 미니어처 제품, 빅사이즈 제품부터 유니크한 디자인의 제품까지 없는 게 하나도 없을 정도로 다양한 상품들로 가득했다. MC들도 나와 같은 생각이었는지 다들 감탄사를 연발했다. 왜 사사 매장이 유명한지 알겠다며 다들 고개를 끄덕였다. 다들 제한된 시간 안에 'K-뷰티 NO.1'이라고 생각되는 제품을 찾아야 했다. MC 윤범은 평소

사사 매장에 있는 고운세상 매대

사용할 때 부담스럽지 않고 가볍게 사용했던 BB크림을 선택했다. MC 서인영은 뷰러, 건형 원장은 헤어아티스트답게 헤어에 센스를 골랐다. 각자 골라온 라인에 따라 점원이 홍콩 사사 매장에서 가장 잘 팔리는 NO.1 브랜드를 이야기했는데 아쉽게도 K-뷰티 브랜드가 아니었다. 그런데 마지막으로 점원이 BB크림을 들고 '메이드 인 코리아'라고 웃으며 말했다. 점원이 들고 있는 제품은 고운세상의 BB크림이었다.

고운세상은 한국에서 차앤박과 더불어 피부과 계열의 독자 브랜드로서 유명세를 떨치고 있다. 이 브랜드의 BB크림은 피부의 잡티를 완벽하게 커버하면서 미백과 자외선 차단제 기능을 동시에 가지고 있는 이중기능성 제품이라 인기가 높다고 했다. 홍콩에서의 미션을 통해 대기업이 아닌, 중소기업도 해외 진출에 성공할 수 있다는 것을 다시 한 번 확인했다.

그런데 이 브랜드에는 재밌는 마케팅 비법이 있다. 고운세상의 2012년 메인 모델은 배우 P양이었다. 다음 해에는 배우 L양이 모델로 교체되었다. 2014년에는 다른 배우로 모델 계약을 한 것으로 알고 있다. 홍콩 고운세상 매장 옆에는 M브랜드가 입점해 있다. M브랜드의 모델은 2013년 하반기에 히트 친 드라마 '상속자들'의 주연을 맡은 여배우다. 이 드라마는 한국에서 흥행하고 바로 중국에서도 많은 인기를 얻었다. 더불어 브랜드도 바로 모델 효과를 보았다. 고운세상도 바로 같은 드라마에 나왔던 여배우 K와 모델 계약을 했다. 두 브랜드는 나란히 중국에서 인기를 얻고 있는 드라마의 두 여배우를 모델로 내세워 홍콩의 여심을 공략하고 있다. 이 브랜드의 담당자 말에 의하면 홍콩 관계자들이 K를 모델로 계약했다고 하자 긍정적인 반응을 보였다고 한다.

그만큼 한류 드라마의 위력이 브랜드 마케팅에도 그대로 반영된다는 점을 시사한다. 두 브랜드의 모델 선정은 타이밍 마케팅의 정수를 보여준 사례다. 현지에서 인기를 얻고 있는 브랜드라 해도 스타를 통한 마케팅 전략, 제품의 품질 개선, 현지에 적합한 전략 수립 등 끊임없는 노력을 해야 한다는 것을 고운세상을 통해 알 수 있었다.

06

듀이트리, 홍콩에서 빛나다

우리는 세계적으로 어떤 뷰티 트랜드가 있는지 알아보는 탐방 프로젝트를 진행했다. 그래서 쇼핑의 천국인 홍콩을 방문하여 K-뷰티의 현재와 미래를 알아보고 싶었다. 홍콩의 베스트 쇼핑몰은 어디에 있을까? 그곳에 가면 가장 핫한 뷰티제품들을 만나 볼 수 있을 것 같았다.

우선 가장 유명한 명소 세 군데를 선정했다. 첫 번째로 온종일 눈이 즐거운 곳인 하버시티다. 하버시티는 침사추이에 자리잡고 있는 쇼핑몰로 젊은이들이 항상 붐비는 곳이다. 홍콩으로 쇼핑 여행을 떠나는 관광객이라면 한번은 반드시 거쳐 간다는 명소이기도 하다. 하버시티는 값비싼 명품 브랜드부터 저렴한 가격의 브랜드들까지 모두 있는 곳으로 특히 젊은 층에 인기가 높다. 특히 다양한 브랜드가 있어 이곳저곳 다리품을 팔지 않고 즐겁게 한곳에서 쇼핑할 수 있다는 장점이 있다.

두 번째 소개할 곳은 쇼핑몰 IFC몰이다. 이곳은 고급스러운 분위기가 물씬 풍기는 곳이며 홍콩에서 두 번째로 높은 건물에 있다. 88층 규모의 건물에 지하 2층, 지상 5층이 쇼핑몰로 구성되어 있어 엄청난 규모를 자랑한다. 중심상권에 있고 전 세계 유명 브랜드들 외에도 자체 브랜드나 작은 브랜드도 입점해 있어서 쇼핑하는 재미가 쏠쏠한 곳이다.

마지막으로 소개할 곳은 퍼시픽 플레이스다. 고급스럽고 한적한 분위기에서 편리하게 쇼핑할 수 있는 최적의 쇼핑센터다. 홍콩섬 애드미럴티에 있는 쇼핑몰과 3개의 백화점으로 이루어져 있으며 차분한 분위기가 감도는 쇼핑몰인 퍼시픽 플레이스는 규모 면에서는 하버시티의 절반 정도의 규모이지만 입점해 있는 브랜드 중에는 알짜배기가 많다. 3개의 층으로 구별되어 있고 각 층은 가격으로 다시 철저하게 분리되어 있기 때문에 원하는 가격대를 선택하여 쇼핑할 수 있는 곳이다. 특히나 이곳은 20~30대가 많이 선호하는 브랜드가 입점해 있다. 우리는 먼저 하버시티를 집중 탐색해 보기로 했다.

우리는 〈스타뷰티쇼〉 MC 군단에게 미션을 주었다. '하버시티 쇼핑몰에서 쇼핑하면서 시청자들에게 선물할 〈스타뷰티쇼〉 뷰티 박스를 완성하라'가 바로 그것이었다. 단, 모든 브랜드는 K-뷰티 브랜드이어야 한다. 또한 누구나 아는 대기업 브랜드가 아닌 독자적으로 홍콩에 진출한 중소기업 브랜드를 찾아야만 했다.

여태껏 아모레퍼시픽의 에뛰드하우스, 로드샵 브랜드인 토니모리와 고운세상 등 규모가 어느 정도 되는 브랜드 위주로 만날 수 있었기 때문에 솔직히 큰 기대는 하지 않았다. 하지만 우리는 그곳에서 독특한 K-뷰티 브랜드 하나를 만나게 됐다. 바로 듀이트리의 도마뱀 크림과 블랙시트팩이었다. MC 윤범은 블랙시트팩이 맘에 들었는지 현장에서 직접 시연해보기도 했다. 그리고 또 하나 선택한 것은 도마뱀 크림. 알고 보니 이 두 가지 제품이 홍콩에서 돌풍을 일으켰었다.

듀이트리는 2011년 5월 홍콩의 최대 드럭스토어인 매닝스에 마스크 팩을 입점했다. 이 상품을 계기로 첫 해외 시장 진출을 진행했고 마스크 팩으로 입점한 1년 후에는 스킨케어 제품들도 입점하기 시작했다. 2012년 10월에는 홍콩의 최대 쇼핑센터인 하버시티로부터 러브콜을 받아 독립매장 입점을 했다. APM, Lap, Concept 등의 유명 쇼핑몰에 독립 매장을 확대

하버시티 쇼핑몰에서 촬영중인 MC들

해나가며 홍콩에서 K-뷰티 브랜드를 알리고 있는 탄탄한 브랜드가 듀이트리다.

블랙시트 팩은 이름만 들어서는 생소하다고 느끼는 여성들이 많을 것이다. 그러나 블랙시트 팩은 타이완의 뷰티 매거진이 선정한 베스트 마스크 팩으로 뽑혔다. 또한 블라인드 테스트 결과, 수분도 측정과 시트 촉감 만족도 1위를 차지하여 추천 마스크 팩으로 선정되기도 했다. 동시에 홍콩 매거진에서 명품 브랜

하버시티 LCX 쇼핑몰 내 듀이트리 매장

드들의 팩과 함께 블라인드 테스트를 했는데 보습력과 노폐물 정화 효과에서 당당히 1위를 차지했다. 한국 브랜드로는 하버시티 LCX 쇼핑몰에 네 번째로 입점한 듀이트리의 도마뱀 크림은 여전히 인기 제품이라고 한다. 먼 타지에서 만난 듀이트리의 제품을 통해 K-뷰티의 밝은 미래를 볼 수 있었다.

시즌1때 벌의 독이 들어간 화장품을 스토리텔링한 적이 있었다. 그런데 도마뱀 크림은 뱀독 성분이 들어간 제품이다. 도마뱀이 꼬리가 잘려도 다시 자라나듯이 이 크림은 노화된 피부 재생에 도움이 된다고 한다. 과연 이 화장품이 홍콩에서 유명할까? 매장의 현지인 점원에게 슬쩍 이 제품이 유명한지 물어봤다. 그녀는 당연하다는 듯이 고개를 끄덕였다. 목 좋은 곳에 제품 진열도 정확히 돼 있었다. 우린 도마뱀 크림과 블랙시트 팩을 골라 〈스타뷰티쇼〉 뷰티박스 선물로 선정했다. 실제로 방송 후 시청자 선물로 전달했는데 반응이 매우 좋았다.

이 방송을 인연으로 듀이트리의 김소현 홍보실장을 만나게 됐다. 그녀는 내가 만나본 브랜드 홍보 담당자 중 세 손가락 안에 드는 브랜드 홍보 실력자이다. 김소현 실장과 시즌4에도 PPL을 진행했는데 브랜드 전략이 확실하여 광고 효과를 제대로 봤다. 또한 높은 콘셉트 이해도와 마케팅 전략, 제품 이미지에 맞는 스토리텔링도 그녀의 강점이다. 듀이트리 클렌징 제품을 스토리텔링하면서 '악마의 3초'라는 콘셉트로 방송 후 온라인 배너광고와 바이럴 연계한 마케팅으로 해당 제품의 매출을 7배 상승시킨 장본인이기도 하다.

김소현 실장과 나는 방송 후에도 자주 브랜드에 관한 이야기를 나누곤 한다. 그녀는 중국 온라인 쇼핑몰 입점과 새로운 제품 출시에 따른 프로그램 진행 준비로 바쁜 나날을 보내고 있다. 최소 비용으로 브랜드 홍보를 알차게 하는 실력자다. 나는 김소현 실장을 통해 다양한 뷰티 마케팅을 배웠다.

이처럼 뷰티 브랜드의 빛나는 모습 뒤에는 김소현 실장처럼 분주히 움직이는 인재가 있다. 아시아 시장에서 듀이트리처럼 중소 브랜드들이 지속적으로 성장하고 유명해지는 날이 기다려진다.

07

일본 뷰티 탐방기 : 랭킹랭퀸

K-팝, K-드라마에 이어 이제는 K-뷰티다. 현재 일본, 대만, 중국과 동남아시아에 부는 K-뷰티 열풍이 거세다. 아시아의 뷰티 바이블이 되고자 하는 〈스타뷰티쇼〉는 기획 특집으로 일본 뷰티 투어를 기획했다.

작가들과 일본 뷰티 투어를 준비하면서 일본의 뷰티 현황에 대한 시장 조사와 메이크업을 시연할 메이크업 아티스트 섭외도 계획했다. 메이크업 아티스트는 일본에서 K-뷰티 메이크업 전도사로 유명한 우에다 사치코를 섭외했다. 그녀는 K-뷰티에 대한 이해도가 높고 J-뷰티에 관해서도 상세히 알고 있기에 프로그램에 도움이 될 거라 판단했다.

일본 투어는 한국의 패셔니스타인 서인영이 일본 쇼핑 명소인 시부야의 핫플레이스를 방문, 그녀의 쇼핑스타일을 공개하는 내용으로 시작했다. 그리고 J-뷰티의 모든 것을 볼 수 있는 시부야의 도큐핸즈와 우리나라에도 많이 알려진 랭킹랭퀸을 가보기로 했다. 마지막으로 신오오쿠보에 있는 K-뷰티 브랜드 쇼핑센터를 방문했다. 그곳에 위치한 토니모리 매장에서 수경 원장과 오구라 켄이치의 메이크업 대결로 일정을 짜봤다. 다양한 볼거리가 가득했던 일본이어서 촬영 역시 흥미로운 내용으로 채울 수 있었다.

일단 우리는 도큐핸즈를 방문했다. 도큐핸즈는 일본 전역에 지점을 둔 일본 최대 규모의 잡화 백화점이다. 특히 헬스와 뷰티 코너는 기발하고 재치 넘치는 아이디어 제품들이 가득해 관광객에게 필수 코스로 알려진 곳이다. 다양한 제품들로 가득한 이곳을 〈스타뷰티쇼〉 팀이 그냥 지나칠 리가 없었다. MC들은 염색약, 동전파스, 선크림 등 독특한 제품들 위주로 관심을 보였다. 나는 브랜드의 종류와 디자인에 주목했다.

앞서 여러 쇼핑센터와 뷰티 매장에서도 느꼈지만 디자인과 품질 면에서 외국 제품이 K-뷰티보다 그리 앞서고 있다는 생각은 하지 않는다. 하지만 속눈썹 분야는 아직은 일본 제품이 다

랭킹랭퀸에 순위별로 배치되어 있는 제품들(2012년 10월)

양하고 독특했다. 메이크업 아티스트인 수경 원장도 일본에 와서 화장품은 사지 않아도 속눈썹은 산다고 했다.

도큐핸즈의 뷰티 탐방을 마치고 일본의 트렌드를 한눈에 파악할 수 있는 요코하마의 랭킹랭퀸으로 이동을 했다. 랭킹랭퀸은 일본에서 선풍적인 인기를 끌고 있는 랭킹 숍으로 일본 내 판매량 1~5위를 다투는 화장품, 목욕 용품, 잡화류부터 생활에 필요한 모든 아이템을 한눈에 볼 수 있는 매장이다. 그런데 랭킹랭퀸이란 이름처럼 이곳은 숫자 마케팅을 한다. 매장에 들어서면 종류별로 숫자가 매겨진 제품들이 배치된 것이 눈에 확 들어온다. 또한 인기순위별로 제품 배치를 다르게 한다. 랭킹랭퀸은 일주일 또는 한 달 단위로 일본 내에서 판매량이 가장 높은 제품들로 구성되어 있기 때문에 최신 트렌드를 한눈에 볼 수 있다.

대단한 마케팅의 발상이다. 누가 봐도 인기제품이 무엇인지 알 수 있고 마음대로 고르며 쇼핑도 할 수 있다. 제품들은 라인별로 철저하게 분류해 배치했다. 심지어 생수, 음료수도 순위별로 진열되어 있다. 일본 여행 중 이곳에만 가도 검증되고 실속 있는 뷰티 제품들을 만나 볼 수 있다. 물건 고르는 데 확신이 안 선다면 1위 제품만 사도 실패할 확률이 줄어든다. 랭킹랭퀸은 어떤 제품들이 순위에 들어 있는지 알 수 있고 일본 여성들의 뷰티 트렌드와 스타일을 엿볼 수 있는 재미도 있다. 이곳을 둘러보면서 놀라운 사실도 발견했다. 바로 랭킹 1위의 한국 제품이 있다는 것이다.

1위의 주인공은 바로 목욕용 장갑타올이었다. 한국에서도 집집마다 하나씩 다 있는 것인데 목욕문화가 발달 되어 있는 일본에서도 그 위력을 발휘한 셈이다. 타국에서 K-뷰티 제품을 발견한 것도 반가운데 더욱이 인기제품 1위에 올라 있는 것을

한국산 목욕용 장갑 타올

보니 감개무량했다. 매장의 상품 배치는 프로그램 세트 구성에 참고할 필요가 있었다. 더불어 화장품 매장이나 온라인 쇼핑몰에서도 이런 아이디어는 차용해도 효과가 있을 것이라 생각했다. 숫자로 뷰티를 표현하는 랭킹랭퀸. 이처럼 발상의 전환은 새로운 마케팅의 선구자가 된다.

08

K-뷰티 & J-뷰티, 서로 통하다

도큐핸즈 매장과 랭킹랭퀸의 특별한 뷰티 마케팅을 보고 나서
우리는 본격적으로 일본 속의 K-뷰티 투어를 시작했다. 과연
일본의 K-뷰티는 현상은 어떨까? 한국은 개화기 시대에 일본
산 화장품을 많이 수입했고 한때 일본은 아시아 화장품의 허브
로 통했다. 하지만 이제 대세는 K-뷰티다. 우리는 일본 속 K-
뷰티를 좀 더 자세히 살펴보기로 했다.

우선 일본의 10~20대 젊은 여성의 스타일을 볼 수 있고 시
부야를 상징하는 패션몰인 시부야 109 건물을 둘러봤다. 시부
야 109는 총 9층으로 구성돼 있는데 각양각색의 패션 아이템이
빼곡히 진열돼 있다. 한국에서는 쉽게 찾아볼 수 없는 독특한

상품이 많아 구경하는 재미가 가득한 곳이기도 하다. 우리는 이곳에서 한국의 시청자들에게 다양한 뷰티 아이템을 소개했다.

그리고 메이크업의 트렌드를 탐구하기 위해 다음 장소로 이동했다. 도쿄의 신오오쿠보 거리는 마치 서울의 명동거리로 착각이 들 정도로 우리에게 익숙한 매장들이 많다. 원래 이곳은 한인들이 많이 모여 살아서 도쿄의 대표적인 한인 타운이기도 하다. K-팝의 인기로 일본 내에서는 '한류의 성지'로 불렸을 정도다. 촬영하면서도 K-팝과 K-뷰티의 인기를 실감했다. 좋은 목의 상점엔 K-뷰티 브랜드들이 입점해 있고 매장에는 K-팝 가수들 사진이 크게 걸려 있어 많은 여성이 매장에 가득 붐비고 있었다.

우리는 이곳에서 일본 진출을 가속화 하고 있는 토니모리를 만났다. 토니모리는 일본에 진출한 지 얼마 되지 않은 상황이지만 짧은 시간 안에 인기 있는 K-팝 가수들을 모델로 세워 공격적인 마케팅을 하면서 인지도를 올리고 있는 브랜드이다. 품질도 우수하고 용기 디자인이 독특해 일본 여성 소비자들의 사랑을 받고 있다.

우리는 이 매장에서 즉석 이벤트를 진행하기로 했다. 일본 여성들 사이에 한국식 화장이 인기라고 들었는데 이 이벤트를 통해 사실인지 확인해보고 싶었다. 그리고 일본식 화장과 한국식 화장의 다른 점에 대해 비교해보는 것도 좋은 정보고 재미요소가 있겠다는 생각이 들었다.

K-뷰티는 당연히 대한민국 최고의 메이크업 아티스트 수경 원장이 시연했다. 그렇다면 J-뷰티 메이크업 아티스트는? K-팝 스타 메이크업 달인으로 유명한 오구라 켄이치를 섭외했다. 그는 유명 일본 연예인들의 메이크업을 담당하고 일본 여성들에게 K-뷰티 전도사로도 유명한 메이크업 아티스트이기도 하다.

오구라 켄이치는 일본 메이크업 아티스트지만 K-팝 스타들의 메이크업에 대해 연구를 많이 한다. 더불어 일본 미디어를 통해 K-뷰티 따라잡기 메이크업을 전파하고 있는 아티스트다. 그는 많은 팬을 거느린 메이크업 아티스트계의 스타이기도 하다.

수경 원장과 오구라 켄이치는 일본인이 선호하는 한국 화장품으로 대결하기로 했다. 둘은 한국 브랜드인 토니모리 제품으로 시연했다(네이버 TV 캐스트를 가면 스타뷰티쇼 전 시즌의 영상을 다시 볼 수 있으며 메이크업 아티스트의 시연도 볼 수 있다). 일반적으로 여성들이 많이 하는 기본 화장과 J-뷰티와 K-뷰티를 바로 비교할 수 있는 주제로 선정했다. 그리고 피부 화장법과 눈, 볼 그리고 입술 메이크업 순으로 진행했다.

　수경 원장이 먼저 메이크업 시연을 했는데 오구라 켄이치는 눈 하나 깜빡이지 않고 집중하며 봤다. 수경 원장은 피부 표현에 중점을 두고 기초화장을 꼼꼼히 했다. 그리고 BB크림으로 윤기 나는 피부 표현을 했다. 이런 피부 표현 역시 K-뷰티의 특징이다. 아이 메이크업에서 K-뷰티의 핵심은 아이라인이다. J-뷰티는 쌍꺼풀 만들기에 중점을 둔다면 K-뷰티는 언더라인 화장과 풍성한 속눈썹을 강조한다. 치크 메이크업의 경우, J-뷰티는 진하고 넓은 치크 표현을 하는 반면에 K-뷰티는 은은한 느낌을 중요시한다. 립 메이크업도 K-뷰티는 핑크나 레드 등 컬러로 입술에 포인트를 주는 메이크업을 하는 것이 특징이다. J-뷰티의 경우, 아이 메이크업을 강조하는 대신 누드립을 선호한다.

　나는 일본인인 오구라 켄이치가 보여주는 K-뷰티 메이크업에 많은 관심이 갔다. 그는 일본에는 자국 화장품만큼 다양한 한국 화장품이 있다고 했다. 또한 한국 제품들은 간단하면서도 예쁘게 메이크업을 할 수 있는 장점이 있어 애용한다고 말했다. 촬영하면서 그는 하이라이트, BB크림, 모공밤을 이용해 메이크업을 시연했다. BB크림으로 촉촉한 피부 톤을 만들고 하이라이트로는 뚜렷하고 생기 있는 피부 표현을 했다. 마지막으로 모공방은 모공커버프라이머로 활용하여 매끄러운 피부를 완성했다. 그가 완성한 메이크업에 수경 원장과 MC들도 놀라움을 감추지 못했다. 그는 K-뷰티의 장점과 J-뷰티의 장점을 모아 아시아 전체 여성들에게 새로운 트렌드를 전파하고 싶다고 했다.

개화기 이후 일본과 서양에서 들어온 메이크업 기술 전수로 한국의 미용 시장이 발전해왔다면 이제는 K-뷰티가 아시아 시장의 트렌드를 주도하고 있다. 실제로 뷰티 프로그램 공동 제작에 관심 있는 해외 방송국의 경우, 메이크업 아티스트는 한국인 아티스트가 직접 와서 했으면 좋겠다는 제안을 많이 한다. 이번 일본 뷰티 투어는 많은 경험과 생각을 한 가치 있는 시간이었다. 앞으로 K-뷰티의 글로벌 프로젝트에 많은 도움이 될 듯하다.

09

중국인의 마음을 사로잡아라 : 차이나타운의 뷰티타운

인천 중구 선린동에 가면 차이나타운이 있다. 많은 중국식당이 몰려 있어 방송에도 자주 소개되는 인천의 명소다. 이곳을 방문하는 중국인도 많거니와 최근에는 중국에서 여객선을 타고 제2 연안부두에 내려 관광을 한다고 한다. 그러나 이 점을 단순하게 지나치면 안 된다. 인천경제통상진흥원에서는 최근 한국을 방문하는 관광객 1위인 중국인들을 주목했다. 명동에서도 그들이 지갑은 '메이드 인 코리아' 제품에 한없이 열렸기 때문이다. 그 품목 중 단연 1위는 화장품이다.

인천경제통상진흥원은 이점에 착안하여 지역 기업도 육성하고 경제까지 살릴 수 있는 뷰티센터를 차이나타운에 설립했다.

더불어 중국인 관광객을 유치하는 마케팅을 진행했다. 인천 남동공단에는 작은 중소기업이 많이 밀집해 있다. 주로 주문자상표부착 생산방식인 OEM 방식으로 납품하지만 몇몇 업체는 독자 브랜드를 생산한다. 하지만 업체들은 독자 마케팅을 할 수 있는 기술과 유통 경로가 없고 그것을 개선할 만한 자본이 부족한 상황이었다.

결국 인천시가 인천경제통상진흥원과 함께 차이나타운에 '휴띠끄'라는 뷰티 매장을 설립했다. 휴띠끄는 지하 2층에 지상 2층의 규모로 화장품 및 미용제품을 판매하고 뷰티 체험관을 운영한다. 이를 통해 인천지역의 화장품 제조산업을 육성하고 해외 바이어와 국내 중소기업을 연결해주는 것이다. 휴띠끄는 제2연안부두에 중국 관광객들이 내리면 들르는 주요 코스 중 하나다. 이런 코스 설정은 탁월하다고 본다. 또한 외국인이 휴띠끄에서 물건을 사면 출국 시 부가세 면제 등의 혜택을 받을 수 있다. 면세점과 같은 이러한 시스템은 관광객 입장에서도 이득이다. 중국인 관광특수라고 해서 많은 여행 업체들이 합정동 등 화장품 종합 판매 매장으로 관광객들을 연결해 쇼핑을 유도하는 것이 문제가 되어 중국 내에서도 보도되기도 했다. 현재는 이런 방식의 관광객 모집을 중국에서 금지하기도 한다.

이런 면에서 차이나타운의 휴띠끄는 지자체의 모범사례라고도 볼 수 있지만 아쉬운 점도 있다. 아직 브랜드의 고급화 전략이나 홍보가 제대로 되지 않아 장기적인 경쟁력을 담보할 수 없다는 것이 단점이다.

그래서 담당자 미팅을 할 때 나는 두 가지를 제안했다. 첫째, 휴띠끄를 차이나타운 내 랜드마크로 만들자. 둘째, K-팝 그룹 및 비보이 공연 등을 정기적으로 한다. 동시에 뷰티센터에서도 주간 단위로 메이크업 전문가를 초빙, 뷰티 클래스를 진행하면서 중국 관광객들에게 메이크업 시연도 하는 이벤트를 진행한다. 이 두 가지 제안은 비용적인 부담이 있지만 아시아권에서 K-팝의 인기가 여전하고 K-뷰티에 대한 동경이 있기 때문에 해볼 만한 도전이었다. 단지 한류에만 의존하고 새로운 뷰티 콘텐츠를 만들어가지 않는다면 휴띠끄는 성장할 수 없다. 결국 문화적 콘텐츠도 마케팅이 중요하다.

10

글로벌에 빛난 K-뷰티 아티스트, 수경 원장

〈스타뷰티쇼〉는 국내의 내로라하는 톱스타 들이 줄줄이 방문한 아시아뷰티트렌드센터 프로그램이다. 글로벌 스타들도 마찬가지다. 헤더 막스, 미란다 커, 바바라 팔빈 등 세계적인 모델과 영화 '분노의 질주'에 출연한 미셸 로드리게즈 등 최고의 배우가 방한하여 〈스타뷰티쇼〉와 함께 했다. 해외 스타들이 참여하는 것은 글로벌 프로그램을 지향하는 나에게 좋은 기회가 되었다.

〈스타뷰티쇼〉는 여기서 그치지 않고 해외 유명 메이크업 아티스트들의 출연도 계속 추진했다. 제이 마뉴엘, 웬디 로웨, 로이드 시몬즈, 그리고 일본에서 수경 원장과 메이크업 빅매치를 펼쳤던 일본의 오구라 켄이치 등 세계적인 메이크업 아티스트들도 출연해 뷰티의 향연을 펼쳤다. 아마 다시는 이런 엄청난 뷰티 프로그램을 못 만들지도 모른다. 이런 교류는 각국의 메이크업 트렌드도 알 수 있고 그들을 통해 K-뷰티를 홍보할 좋은 기회였다.

앞서 소개한 이들이 다 누구인가? 그 면면을 살펴보면 화려함 그 자체다. 제이 마뉴엘은 프로그램 첫 방송에 축하인사 멘트라도 받기 위해 부단히도 러브콜을 보냈던 뷰티 디렉터다. 그는 성악가 루치아노 파바로티의 메이크업을 시작으로 유명세를 타면서 세계 유명 스타들과 함께 일했다. 제니퍼 로페즈, 나오미 캠벨, 바네사 윌리엄스의 메이크업을 담당했고 현재는 타이라 뱅크스의 메이크업 아티스트다. 제이 마뉴엘은 우리나라에서도 제작되었던 '도전! 슈퍼모델'의 뷰티 디렉터이면서 한국판 프로그램에도 출연했었다.

이런 그가 한국 브랜드의 진동파운데이션을 본인의 이름으로 런칭했었다. 우리 프로그램에서는 '도전! 슈퍼모델'에서 우승했던 모델에게 본인이 직업 메이크업 시연을 보여주기도 했었다. 녹화하면서 그는 정말 유쾌했다. 그가 보여준 싸이의 말춤은 압권이었다.

세계적인 메이크업 아티스트인 웬디 로웨 역시 우리 프로그램과 함께 했다. 그녀는 유명 패션 잡지의 화보 촬영과 디자이너 컬렉션의 백 스테이지 메이크업을 담당했다. 할리우드 유명 스타들의 메이크업 아티스트이기도 하며 환상적인 피부 표현의 거장으로 유명하다. 그리고 로라 메르시에, 톰 페슈, 구찌 웨스트맨, 딕 페이지와 더불어 2012년 뷰티 잡지에서 선정한 세계 5대 메이크업 아티스트이기도 했다.

나는 국내 메이크업 아티스트들의 실력이 해외 메이크업 아티스트와 견주어도 결코 떨어지지 않는다고 생각한다. 좀 더 글로벌 마케팅과 해외 진출을 한다면 K-뷰티 아티스트도 세계적으로 유명세를 떨치는 날이 곧 올 것이라고 본다. 웬디 로웨는 우리 프로그램에서 본인의 주특기이자 런웨이 메이크업인 '퀵앤 이지 메이크업'을 선보였다. 그날 마침 세계적인 모델 혜박의 스타토크가 있었는데 그녀는 즉석에서 혜박에게 직접 메이크업을 시연했다.

또 한 명의 글로벌 아티스트는 로이드 시몬즈다. 그는 뷰티계의 '컬러 매치' 마술사로 불리는 아티스트로 입생로랑의 메이크업 크리에이티브 디렉터다. 그가 선보인 강렬한 컬러의 파격적인 메이크업은 역시 입생로랑의 아름다운 컬러가 있어 더욱 돋보였고 내가 봐도 공감 가는 아름다운 색조 메이크업이었다.

이런 다양한 글로벌 아티스트의 출연에 수경 원장도 많은 자극과 영감을 받았을 거라 생각한다.

독일의 VOX 채널에서 〈스타뷰티쇼〉를 취재하러 왔을 때 프로그램 MC인 다니엘 카첸버거도 수경 원장의 메이크업에 많은 관심을 보였다. 또한 청담동에 위치한 '순수' 숍에도 직접 촬영을 가서 K-뷰티 메이크업과 트렌드에 대해 취재를 했다. 이런 현상들을 종합해보면 유럽이나 미국에서 동양인의 동안 비결이나 피부의 아름다움 그리고 메이크업에 대한 관심이 높아지고 있는 듯하다. 영화 '어벤저스'에서 출연한 배우 김수현의 말에 의하면 영화에 같이 출연하는 배우 스칼렛 요한슨도 K-뷰티에 대한 관심이 많고, 특히 BB크림 등 기초 베이스 제품을 사용해본 후 감탄했다고 한다.

한국 메이크업 아티스트들의 실력은 어떠한가? 뷰티 프로그램에 관심 있는 중국과 동남아시아 방송국은 한국 아티스트 출연을 원한다. 중국 방송 관계자로부터 중국어가 되는 메이크업 아티스트를 추천해달라는 부탁들 받기도 했다. 그만큼 한국 메이크업 아티스트의 실력도 글로벌에서 통하는 수준이다.

세계적인 모델 바바라 팔빈, 미란다 커, 헤더 막스도 〈스타뷰티쇼〉에 출연해서 수경 원장의 메이크업을 직접 받은 적이 있다. 지금도 그 장면만 생각하면 가슴이 두근거린다. 미란다 커의 호텔 숙소에서 촬영하면서 수경 원장이 센스있게 립 메이크업을 직접 제안했다. 미란다 커가 흔쾌히 답을 해줘 직접 수경 원장의 손길로 그녀의 아름다움이 더해졌는데 큰 감동이었다. 수경 원장의 메이크업이 완성되었을 때 미란다 커, 바바라 팔빈, 헤더 막스는 '원더풀(Wonderful)!'을 연발하며 만족해했다.

그녀의 메이크업은 마술 그 자체다. 그래서 배우 김남주도 그녀만 찾는 건 아닐까? 전문가의 손길은 확연히 다르다. 메이크업하는 속도도 빠르다. 완성된 메이크업을 보면 감탄사가 절로 나온다. 그래서 특별한 날에 여성분들이 숍을 찾는 것일까? 지금 생각해봐도 내가 수경 원장을 만난 것은 큰 행운이다. 프로그램 속 수경 원장이 메이크업을 시연한 영상들이 현재 아시아의 많은 국가에 알려지고 있다. K-뷰티 메이크업의 전도사 수경 원장의 메이크업과 그녀가 작명한 메이크업 방법들이 아시아인들의 뇌리에 각인될 것이다.

나는 뷰티 프로그램의 완결판으로 아시아 뷰티어워즈 레드카펫 시상식을 하면서 글로벌 아티스트들의 메이크업 배틀인 '글로벌 빅매치'를 아시아 전역에 방송하는 꿈을 꿔본다. 그 꿈의 마지막 무대는 세계 5대 메이크업 아티스트인 로라 메르시에,

톰 페슈, 구찌 웨스트맨, 딕 페이지, 웬디로웨와 수경 원장의
빅매치다. 꿈은 이뤄질 것이다. 그리고 그날을 위해 나는 오늘
도 열심히 달린다.

11

K-뷰티의 글로벌 엔터테인먼트 마케팅

〈스타뷰티쇼〉는 캄보디아에 프로그램 포맷을, 태국에는 콘텐츠 수출을 진행했다. 점차 중국이나 홍콩 등지에서도 우리 프로그램에 흥미를 보였고 최근에는 중동에서도 러브콜이 왔다.

예상외로 중동에서는 색조 제품들의 소비량이 엄청나다고 한다. 히잡을 쓴다고 해도 중동 여성들은 풀 메이크업을 많이 한다. 그래서 명품 브랜드부터 K-뷰티 제품들도 관심이 많다. 더불어 중동에서는 한국 드라마 인기가 상당하다. 이란에서는 드라마 '대장금'이 시청률 90%라는 경이로운 기록을 세우기도 했다. 이러한 드라마 영향으로도 K-뷰티에 대한 해외의 인기는 점점 커가고 있다. 이런 상황을 화장품 브랜드들과 정부가 잘 활용했으면 한다. 홍콩 뷰티 박람회에서는 정부 기관과 업체들의 전략적 협의가 잘되지 않고 있다는 느낌을 받았다.

　요즘 K-팝의 인기를 얻고 K-뷰티가 해외에서 호황이다. 2013년 기준으로 봤을 때, 국내 매출 감소 대비 해외 수출은 25% 이상 상승했다. 하지만 앞에서 언급했던 세계 100대 화장품 기업 발표를 보면 98년도에 국내 브랜드 7개가 랭크되있는 반면, 작년에는 겨우 3개 업체가 선정됐다. 이건 기회이며 위기일 수 있다는 이야기다. 우리는 '겨울연가', '대장금' 등을 통해 한류 열풍을 체험한 적이 있다. 언론은 한류에 대해 대서특필했다. 한국 연예인이 국내 못지않게 해외에서도 많은 인기를 끌었다. 중국은 문화콘텐츠 위기의식 때문에 한류 콘텐츠에 많은 제재를 가했다. 결국 한류는 시들해지고 침체기를 겪었다. 우린 그 어떤 대비책도 내놓지 못했다. 준비를 못 했기 때문이다.

　그리고 몇 년 후 K-팝의 흥행은 일본, 중국을 넘어 동남아시아 그리고 중남미까지 이어졌다. K-팝은 드라마보다 그 폭이 더 넓고 강하게 몰아쳐 '신한류' 붐을 일으켰다. 그 붐을 타고 K-뷰티가 효과를 보고 있다. 브랜드들은 공격적으로 해외 진출 규모를 늘리고 있다. 하지만 전략 없이 K-팝 스타를 전면에 내세워 진출한다면 드라마 때처럼 침체기를 겪을 수 있다. 대기업은 자본을 바탕으로 스타를 전면에 내세우고 중소 브랜드들은 품질로만 승부를 건다면 단기적 전략일 뿐이다. 문화적 콘텐츠의 전략도 더해져야 한다. 현재 문화계와 공동으로 콘텐츠 제작을 하고 현지인들의 마음을 사로잡는 스토리텔링 전략을 세워야 한다. 대기업의 경우 문화공연을 지원하고 기부나 캠페인 전략을 통해 현지인의 공감과 관심을 이끌어야 한다. 이것을 엔터마케팅이라 하고 싶다.

비록 일본과 홍콩의 뷰티 투어를 통해 4부작의 방송을 진행했지만 앞으로는 남미, 유럽까지 K-뷰티가 활성화되는 모습을 방송에 담고 있다. 또한 뷰티 프로그램의 마지막으로 연말에 아시아 국가를 돌면서 한해 화장품 업계의 축제의 장인 '아시아 뷰티 어워즈 시상식'을 만들어보고 싶다. 식전 행사로는 레드카페에 브랜드 대표와 브랜드 모델 여배우가 같이 입장하고 걸 그룹과 클래식 공연의 축하 행사와 일 년 동안 많은 사랑을 받은 브랜드 발표가 있는 '뷰티어워즈' 시상식. 생각만으로도 감동이다.

정부가 뷰티 전문 프로그램들을 PPL이 넘쳐나는 프로그램이라고 비판만 할 것이 아니라 해외 수출과 해외 공동 제작을 겨냥한 콘텐츠 제작 지원을 한다면 한국의 뷰티 시장은 더욱 성장할 것이다. 이미 중국은 각 지역의 방송국마다 뷰티 프로그램들이 넘쳐난다. 인도네시아는 지상파 방송에서도 판매와 연계되는 뷰티 프로그램들로 다양하다. 이제는 규제보다 글로벌을 향한 정부와 기업 그리고 콘텐츠 제작자들의 협업이 필요한 시대다.

스타뷰티쇼,
나의 소중한 인연들

부록

'스타뷰티쇼'가 성공한 이유는 무엇일까?

MC 서인영

〈스타뷰티쇼〉 MC를 제의 받았을 때 뷰티제품을 항상 곁에 두고 사랑하는 것을 넘어 뷰티에 대해 제대로 배울 수 있다는 기대감에 무척 흥분되었다. 특히 뷰티 전문가인 메이크업 아티스트들과 함께 하고 김용규 피디도 열정이 넘치고 적극적이어서 무척 든든했다. 김용규 피디를 보면서 '남자여도 저렇게 뷰티에 열광할 수 있구나'라는 생각이 들 정도였다. 하지만 그것은 나의 편견이었다. 이제는 여자들만 뷰티, 패션에 열광하는 시대가 아니다. 〈스타뷰티쇼〉를 항상 챙겨보는 시청자 중에는 남자들도 꽤 된다고 한다. 뷰티 관련 콘텐츠에 대한 욕구는 이제 여자에 국한되지 않는다. 뷰티는 훌륭한 커뮤니케이션 소재이고 마케팅 전쟁이 치열한 산업의 한 분야이기도 하다.

그래서일까? 〈스타뷰티쇼〉는 일반 시청자들뿐만 아니라 연예인들 사이에서 더 유명한 프로그램이다. 주변 연예인들이 자신의 헤어스타일과 메이크업을 하는 숍에서 〈스타뷰티쇼〉 이야기를 자주 한다. 〈스타뷰티쇼〉에 정말 많은 스타들이 출연했는데, 같은 분야에서 활동하는 연예인들도 다른 연예인의 뷰티 노하우가 궁금하지 않았을까? 프로그램을 진행하는 MC인 나조차도 그들의 노하우를 알아간다는 기쁨에 시간 가는 줄 모른 적도 여러 번이었다.

〈스타뷰티쇼〉에는 국내 스타뿐 아니라 글로벌 스타들도 많이 출연했는데 특히 미란다 커가 가장 기억에 남는다. 그녀는 〈스타뷰티쇼〉에 두 번이나 출연했다. 두 번째 출연했을 때는 무척 친숙하게 느껴질 정도였다. 그리고 이 프로그램을 시작했을 때 기존의 다른 뷰티 프로그램들도 여럿 있었는데, 미란다 커가 기꺼이 내가 진행하는 〈스타뷰티쇼〉를 선택했다는 점에서 촬영 내내 뿌듯하고 즐거웠다.

〈스타뷰티쇼〉는 지금까지 시즌1~4가 방송되었는데, 매 회마다 놓칠 수 없는 뷰티 노하우가 많았다. 그런 알찬 정보에 열광하는 시청자들이 늘어날수록 방송 내용은 그들의 궁금증을 채워주기 위해 더욱 풍성해졌다. 연예인들이 화보 촬영할 때나 할 수 있겠다 싶은 스타일들을 일반 시청자들이 집에서 손쉽게 따라 할 수 있도록 도와준 것이 이 프로그램의 가장 큰 매력이다. 패션과 뷰티에 있어서만큼은 완벽함을 추구하는 나조차도 〈스타뷰티쇼〉는 일이라기보다는 한 명의 시청자로서, 아름다워지고 싶은 한 여자로서 무척 흡족했던 프로그램이었다.

시즌4때 독일 VOX 채널에서 〈스타뷰티쇼〉를 취재한 적이 있는데, 촬영 후 즉석에서 그들은 〈스타뷰티쇼〉를 초대해서 자신들의 뷰티 프로그램에 출연시키고 싶다고 했다. 머지않아 기회가 된다면 〈스타뷰티쇼〉가 독일에 가서 그동안 축적해놓은 K-뷰티의 모든 것들을 그들과 공유하고 싶다.

02

차세대 헤어 트렌드세터

'스타뷰티쇼' 동영상 최고 조회수 기록, 건형 원장

〈스타뷰티쇼〉를 만난 것은 내게 최고의 행운이라고 해도 과언이 아니다. 시즌1부터 4까지 내가 스타일을 제안한 헤어 연출법들이 여전히 포털 사이트에서 최고 조회 동영상 1~2위를 기록하고 있다. 방송 녹화가 주로 메이크업 위주로 진행되어 헤어 파트는 출연 횟수가 그리 많지 않았지만, 온·오프라인에서 수없이 회자되고 있다.

그런 〈스타뷰티쇼〉가 아시아 여러 나라에 포맷과 시즌3까지 콘텐츠가 수출되어 더욱더 미용인의 한 사람으로서 자부심이 생긴다. 지금 아시아에 부는 K-뷰티 열풍과 함께 메이크업이나 헤어 아티스트들의 인기도 올라가고 있다. 나도 K-뷰티의 우수성을 알리고 세계로 진출하는 데 일조를 한 기분도 든다. 특히 홍콩과 일본 뷰티 투어 촬영 때 현장에서 직접 K-뷰티의 한류 바람을 확인한 것은 큰 즐거움이었다.

한 가지 희망사항이 있다면 수경 원장님이 미란다 커, 바바라 팔빈, 헤더 막스 등 해외 유명 연예인들과 함께 〈스타뷰티쇼〉에 출연해서 직접 메이크업 시연을 보여준 것처럼 헤어 쪽에서도 그런 기회가 만들어지길 바란다. 다음번에는 김용규 피디와 함께 헤어 분야도 좀 더 많은 기회를 만들어 아시아와 전 세계에 K-뷰티를 알리고 싶다.

03

나와 함께 성장하는 '스타뷰티쇼'

망치 베이스의 원조, 상민 원장

서인영이 진행하는 〈스타뷰티쇼〉는 여느 뷰티 프로그램보다 시청자들의 공감을 얻고 사랑을 받고 있으며 뷰티 프로그램은 물론 뷰티 업계의 발전에 없어서는 안 될 자양분이 되고 있다. 그런 프로그램에 출연할 수 있었던 것은 내 인생에 있어서 커다란 기쁨이자 훌륭한 기회였다. 서인영의 〈스타뷰티쇼〉에 계속 출연하면서 방송에 대한 부담감도 커졌지만 마음 한편에서 스스로 조금씩 자부심이 커지고 있다. 사실 2012년 시즌1, 첫 녹화 때 수경 원장님과 메이크업 빅매치 대결을 펼쳤는데, 방식도 참신했고 기존의 뷰티 프로그램에서는 볼 수 없는 새로운 형식의 뷰티 클래스가 좋았다.

물론 내가 대결에서 수경 원장님보다 더 많은 뷰티스트들의 선택을 받아 기분도 좋았고 청담동에서 소문이 자자하게 나기도 했다. 사실 〈스타뷰티쇼〉를 통해서 나의 철통 망치 베이스가 나름 지명도를 얻고 여기저기서 프로그램 섭외 요청이 쇄도하는 즐거움도 맛봤다. 또 홍콩 뷰티 투어, 'K-팝 컬렉션'과 콜라보레이션은 메이크업 아티스트로서 좋은 경험이었다. 특히 홍콩의 거리에서 만난 여성들의 파우치에서 K-뷰티 브랜드들을 발견했을 때의 짜릿함은 잊을 수 없다. 매장에서 직접 현지 여성들에게 메이크업 시연을 하고 많은 K-뷰티 팁을 전수해주면서 큰 자부심도 느꼈다. 더불어 〈스타뷰티쇼〉와 함께 K-뷰티, 그리고 우리의 메이크업 실력을 세상에 보여주고 싶은 욕심도 생겨났다.

무엇보다 〈스타뷰티쇼〉를 통해 기존에 하고 있던 메이크업과 다양한 아이디어를 접목시키면서 개인적으로도 아티스트로서 한층 더 성장할 수 있는 발판이 되었다. 전문가가 아닌 일반인들도 쉽게 따라 할 수 있는 메이크업을 아티스트가 어떻게 시연해가면서 설명해야 할지는 지금도 나의 고민이다. 앞으로 계속 〈스타뷰티쇼〉와 함께 노력하는 메이크업 아티스트가 되고 싶다.

'스타뷰티쇼'는 트렌드세터 프로그램

MC 수경 원장(순수의 대표 원장)

나는 17년 째 메이크업을 해온 메이크업 아티스트이다. 스타들의 메이크업은 물론 수많은 웨딩, 파티, 패션쇼, 면접 등 다양한 스타일의 메이크업을 해왔기 때문에 메이크업에는 자신이 있었다. 하지만 과연 뷰티프로그램의 MC로서도 잘할 수 있을까? 쉽게 답을 찾을 수 없는 고민의 연속이었다. 고민의 결론은 '한 번 해보자!'였다.

막상 MC라는 중책을 맡아보니 무척 기쁘면서 부담스럽고 혼란스러웠다. 프로그램이 끝나면 김용규 피디는 한결같은 응원과 위로의 말을 해주었다. 또 배우 김남주 씨도 프로그램을 모니터링 한 다음 꼭 연락을 주었다. 그런 메시지들은 나에게 큰 힘이 되어 점점 자신감을 얻었다. 김용규 피디와의 첫 미팅에서 나는 아티스트 빅매치 아이디어를 냈고 그 아이디어를 마음에 들어 했던 김용규 피디는 나에게 MC 제안까지 하게 된 것이다. 서인영과 도윤범 이사 옆에서 진행을 하게 된 나는 너무 서툴고 어색했지만 두 사람의 도움으로 차차 나아졌다.

첫 회 촬영에서 펼쳐진 메이크업 빅매치에서는 '망치 베이스' 콘셉트의 제자인 상민 원장과의 대결했는데, 내가 지고 말았다. 재미있기도 했지만 더 열심히 하는 아티스트가 되어야겠다는 많은 반성을 했다. 그리고 나의 제자 상민 원장이 많이 자랑스러웠다. 상민 원장은 이 방송 이후 매거진, 매스컴에서도 즐겨 찾는 스타 아티스트가 되었다. 사실 내가 낸 아이디어였지만 이렇게 영상으로 구현되고 실제 메이크업 대결을 해보니 강의식으로 진행되는 뷰티 클래스와는 사뭇 다른 긴장감을 느낄 수 있었다. 더욱이 방송이 나간 후 청담동에서 연예인들과 아티스트들 사이에서 대결의 결과나 메이크업 방법에 대해 많이 회자되는 것을 보면서 또 다른 희열도 느꼈다.

매회 〈스타뷰티쇼〉에서 나의 작은 메이크업 코너가 있었고 많은 메이크업들이 이슈가 되어 포털사이트 네이버의 메인 화면을 장식하는 영광도 여러 번 있었다. 감동스러운 순간들도 많았다. 미란다 커 메이크업, 1111 메이크업, 아티테크 메이크업, 드레스 메이크업, 김남주의 살구 메이크업 등 많은 메이크업들이 좋은 반응을 얻었다. 네이버 TV캐스트 메인을 통해 많은 사람들에게 트렌드를 제시하고 여러 가지 스타일의 메이크업을 선보일 수 있어서 더욱 기뻤다.

〈스타뷰티쇼〉가 점점 유명해지고 메이크업을 받고 싶어 하는 연예인들이 찾아오기도 하면서 더 많은 스타들을 자주 본다. 그리고 미란다 커와 바바라 팔빈, 헤더 막스와 같은 해외 유명 스타들에게 직접 메이크업 시연을 하는 기회를 〈스타뷰티쇼〉를 통해서 얻을 수 있었다. 내가 직접 해준 메이크업에 그들이 만족해하는 모습을 보면서 나 또한 큰 자부심을 느꼈다. 무엇보다도 K-뷰티의 메이크업 실력을 세계에 알린 것 같아 기쁨은 배가 되었다. 또 〈스타뷰티쇼〉를 통해 웬디 로웨, 로이즈 시몬, 일본의 오구라 켄이치 같은 해외 메이크업 아티스트들로부터 글로벌 트렌드에 대해서도 더 많은 것들을 배울 수 있었다.

방송 출연 이후 나에게 생긴 변화 중 하나는 식당에서는 나를 알아보고 음료 등을 서비스로 주는 경우가 있다는 것이다. 그리고 매거진 에디터들도 나의 방송을 보고 나서 많은 격려와 응원을 해준다. 심지어 연예인들도 TV에서 시연한 메이크업을 해달라고 부탁하기도 한다. 뷰티 브랜드들의 반응도 엄청났다. 매회 김남주, 고소영, 정려원, 미란다 커, 바바라 팔빈 등 수많은 톱 스타들의 출연으로 〈스타뷰티쇼〉는 한층 더 빛을 발했다. 〈스타뷰티쇼〉를 계기로 스타 아티스트들의 탄생도 이어졌다. 희진 원장, 건형 원장, 상민 원장, 선애 원장 등도 〈스타뷰티쇼〉를 통해 스타 아티스트 반열에 올라섰다.

아티스트들은 출연을 위해 더 많은 연습과 노력을 했고 새로운 트렌드와 메이크업을 제시하면서 자신과 뷰티 업계를 더욱 발전시키는 계기가 되었다. 즉 〈스타뷰티쇼〉를 통해 메이크업계의 성장도 함께 이루어졌다고 볼 수 있다. 〈스타뷰티쇼〉는 뷰티 산업에 한 획을 그었다. 그 중심에서 1~4시즌을 같이 했다는 것은 나에겐 큰 영광이다.

05

'스타뷰티쇼'는 나의 운명

뷰티 전문 작가, 최성진

2012년 6월 더운 어느 날, "최작가 뷰티에 관심 있나? 내가 아는 SBS 작가 중에서 네가 가장 멋을 잘 내니 뷰티 프로그램 같이 해볼래?" 이런 제안을 받고 기획하게 된 〈스타뷰티쇼〉 프로그램. 그저 특이하게 옷 입고, 모자 잘 쓰는 작가였기에 뷰티에 관심 있는 걸로 인식되어 행운을 거머쥔 것이다. 그렇게 〈스타뷰티쇼〉 시즌의 막을 올리고 내리기를 몇 번씩 했고 벌써 시즌 4가 끝났다. '서당개 삼년이면 풍월을 읊는다'고 하니, 햇수로 3년째인 이제는 뷰티 전문 작가로 매거진에서 연락이 오는가 하면, 브랜드 런칭 행사에 초대받기도 한다. 이러한 〈스타뷰티쇼〉와의 인연은 작가 인생 중 찾아온 큰 행운이다.

〈스타뷰티쇼〉의 스타

'스타들은 성형외과 가고, 피부과 가고, 샵에서 관리 받으니까 저렇게 예쁘지' 하고 쉽게 생각했던 그들의 아름다움을 다시 보게 되었다. 촬영 전에 스타들을 사전 인터뷰하면, 대부분의 스타들은 "저, 별거 없는데요." 이렇게 시작하지만, 화장하고 팩하고 기초를 바르는 뷰티 비법 외에도 앉는 자세, 자고 일어나는 시간, 베개, 향, 먹는 것(이너뷰티) 등 그 어느 것에서도 그녀들은 아름다움을 놓치지 않고 있었다. 그보다 더 중요한 것은 '바로 어제!'부터 시작된 비법은 없다는 것이다. 수년간 규칙적으로 꾸준히 하고 있었으며, 심지어 '억지로!'라도 하고 있었다. 고소영은 매일 같은 시간에 체중계에 올라가 몸무게를 체크하고, 미란다 커는 매일 건강식과 일반식을 8:2 비율로 먹는다. 한은정도 매일 아침 두부셰이크를 직접 만들어 먹고, 유호정도 매일 목 마사지를 한다고 한다. 스타들의 이러한 특급 비법들을 매주 현장에서 생생하게 듣고 보고 있자니, 한 번쯤 따라해 보게 되었고, 아직까지 '매일매일 꾸준히'의 경지에 이르지는 못하고 있지만 노력하게 되었다. 어떤 것이든 꾸준히 실천하게 만든 프로그램이니, 〈스타뷰티쇼〉는 나에게 찾아온 행운이다.

〈스타뷰티쇼〉의 뷰티

〈스타뷰티쇼〉가 매 시즌을 시작할 때 가장 먼저 하는 큰 행사는 '뷰티스트 발대식'이다. 뷰티에 관심이 많은 미모의 2030 여성들로서 직업군도 다양한데 시즌1부터 시즌4까지 함께 하고 있는 인원이 약 100여 명이다. 기획할 당시에는 작가들이 뷰티스트를 뽑기 위해 주변에서 예쁜 사람들을 수소문했었지만, 시즌2부터는 뷰티스트를 하기 위해 많은 여성들이 몰려들고 있어 일일이 면접을 보고 선발한다. 그만큼 2030 여성들의 관심을 모으는 뷰티스트는 단순 방청객의 개념에서 벗어나, 코너마다 주인공이 되기도 하고, 뷰티 노하우를 공유한다. 방송 외적으로 그녀들은 블로그나 SNS 활동에 매우 적극적이고, 심지어 〈스타뷰티쇼〉를 통해 뷰티 파워 블로거가 되기도 한다.

방송 후에 인터넷, 모바일 등 사이버 공간에서 프로그램 클립 동영상, 기사들이 이슈가 되는 것에 제작진들도 놀라워하며, 작가들 사이에서는 '키워드를 작명하는 붐'이 일어나기도 했다. 키워드 조회수가 높았던 예로는 공무원녀(=모공이 없는 여자), 거미줄 클렌저(=거미줄처럼 늘어나는 클렌저), 내숭비비(=한듯 안 한 듯한 비비), 피아노녀(피지가 아예 없는 여자) 등이 있다. 이러한 자료들이 요즘 브랜드 마케팅에 중요하게 활용되는 것을 보며, 트렌디한 소통법을 경험하게 되니 〈스타뷰티쇼〉는 행운이다.

〈스타뷰티쇼〉의 쇼

〈스타뷰티쇼〉의 쇼를 앞두고 세 명의 MC들과 작가, 피디들이 대본 연습을 할 때면 대기실은 하하 호호 웃음이 끊이지 않는다. 대본 이외에도 뭐 그렇게 할 이야기가 많은지, 누군가의 헤어스타일이 바뀐 것만 가지고도 주제가 되어 신이 난다. 그런 에너지가 모인 상태에서 각자의 무대에 오른다. 물론 녹화 첫날부터 이러진 않았다. 아프리카 속담에 이런 말이 있다. '빨리 가려면 혼자 가고, 멀리 가려면 함께 가라.' 멀리 3년을 함께 해왔기 때문에 가능한 시너지일 것이다. 그래서 뷰티 프로그램 최초로 캄보디아, 태국 시장에 진출하여, K-뷰티를 선도하는 역할을 하게 되었다. 일본, 홍콩에서 촬영할 때 말로만 듣던 K-뷰티를 실감한 후, '글로벌 뷰티 트렌드 리더'를 오프닝마다 외쳤는데, 막연하게 꾸던 꿈을 이뤘으니, 〈스타뷰티쇼〉는 행운이다.

06

'스타뷰티쇼'와 함께 아시아를 누비고 싶다!

순철 원장(순수의 대표 원장)

〈스타뷰티쇼〉가 매 시즌마다 우리나라 뷰티의 트렌드를 주도하고 있다고 해도 과언이 아니다. 그런 프로그램과 1~4시즌을 함께 했다는 것은 큰 영광이고 즐거움이었다. 매번 프로그램에 대한 작가의 콘셉트를 듣고 시청자들에게 어떤 새로운 헤어스타일과 손쉽게 따라 할 수 있는 팁을 알려줄까 고민하는 일이 일상화되었다. 그런 노력들 덕분인지 방송 후에도 포털 사이트에서 많은 조회 수를 기록했고, 그런 폭발적인 반응을 볼 때마다 아티스트로서 희열도 느꼈다.

많은 연예인들이 숍에 와서 〈스타뷰티쇼〉 잘 봤다며 방송에서 나온 스타일로 해달라는 요청을 하곤 한다. 유행에 민감하고

최신 스타일을 추구하는 연예인들도 〈스타뷰티쇼〉를 즐겨본다
는 사실에 더욱 기뻤다.

　학생들에게 강의할 때면 그들은 프로그램을 보고 나서 모니터
링도 해준다. 대한민국 최고의 뷰티 프로그램임을 다시 한 번 확
인할 수 있었다. 이런 즐거운 무대를 만들어준 김용규 피디와 함
께 최고의 뷰티 프로그램으로 아시아를 누벼보고 싶다. 그리고
약속한 걸 그룹 헤어 빅매치 프로그램도 꼭 같이 해보고 싶다.

07

진정한 뷰티 길라잡이, '스타뷰티쇼'!

뷰티 디렉터, 도윤범

넘쳐나는 뷰티 제품과 뷰티 정보의 홍수 속에서 진정한 뷰티 길라잡이가 되어준 〈스타뷰티쇼〉. 이 프로그램은 단순한 제품 소개, 모두 알고 있는 빤한 뷰티 팁의 공개에 열을 올리지 않는다. 그보다는 누구나 보고 듣고 따라 할 수 있는 즐거움이 있는 '예능과 뷰티가 결합한 버라이어티쇼'이다.

뷰티 프로그램의 큰 목적 중 하나는 바로 뷰티 제품의 소비자인 시청자들에게 좋은 제품과 유용한 정보를 소개하는 것이며 뷰티 트렌드와 제품을 만드는 기업에게 자신들의 질 좋은 제품과 뷰티 정보를 알릴 수 있는 기회를 제공하는 것이다. 이런 측면에서 〈스타뷰티쇼〉는 다른 뷰티 프로그램에서는 느낄 수 없는 확실한 교류의 장 역할을 한다.

특히 시청자들에게는 살아 있는 뷰티팁 공개와 보는 즐거움을 동시에 제공하여 방송이 나가자마자 각종 포털사이트 등에서 폭발적인 반응들을 일으켰으며 동시에 뷰티 제품 제조사들은 다음날 매출 신장으로 이어짐으로써 생산자와 소비자가 모두 만족하는 멋진 뷰티쇼가 되었다.

〈스타뷰티쇼〉가 뷰티 프로그램 중에서는 후발주자임에도 불구하고 빠른 시간 안에 확실하게 자리매김할 수 있었던 원동력은 무엇일까? 그동안 지루하고 빤한 뷰티 정보 나열에 지친 시청자들에게 신선한 이야기를 재미있게 알려주었으며, 뷰티 브랜드들에게는 기존의 천편일률적인 제품 소개가 아닌 새로운 접근방식을 제안했기 때문이다. 즉, 시청자와 뷰티 제품을 만드는 기업 모두에게 새로운 콘텐츠와 포맷으로 만족감을 준 것이다. 한마디로 〈스타뷰티쇼〉는 대한민국 최고의 뷰티 트렌드세터 프로그램이라는 것이다.

그리고 〈스타뷰티쇼〉 MC로서 일본과 홍콩 뷰티 투어를 다니며 우리나라뿐만 아니라 아시아에서도 K-뷰티 브랜드들이 뜨겁게 사랑 받고 있다는 사실을 실감할 수 있었다. 무엇보다 주변 사람들로부터 SNS를 통해서 〈스타뷰티쇼〉를 잘 보고 있

다는 말을 들을 때 가장 행복했다. 이런 프로그램과 1~4시즌을
함께 했다는 깃은 영광이고 큰 즐거움이었다.

지은이 · 김용규

SBS 플러스 채널 프로듀서이다. 지금까지 〈특명, 아빠의 도전〉 〈스타 도
네이션〉 〈긴급출동SOS 24〉 〈2PM쇼〉 〈티아라의 꽃미남들〉 등 교양과 시
사, 예능을 오가며 다양한 프로그램을 제작해왔다. 2012년 〈스타뷰티쇼〉
를 기획 및 제작하면서 '뷰티' 업계와 인연을 맺었다. 〈스타뷰티쇼〉를 제작
하면서 로션 바르기도 귀찮아하던 남자가 2년 반만에 화장품 트렌드와 제품
들을 줄줄이 꿰는 '뷰티에 미친 남자'로 거듭났다. 무엇보다 K-뷰티 산업의
발전과 세계 진출에 이바지한다는 사명감과 자부심으로 〈스타뷰티쇼〉를 시
즌1부터 4까지 진행해왔다.

남자, 뷰티를 말하다

초판 1쇄 펴낸날 | 2014년 11월 27일

지은이 | 김용규
펴낸이 | 이상규
편집인 | 김훈태
디자인 | 표지 엄혜리, 내지 이은희
마케팅 | 남성진
펴낸곳 | 이상미디어
등록번호 | 209-06-98501
등록일자 | 2008. 09. 30
주소 | 서울시 성북구 정릉동 667-1 4층
대표전화 | 02-913-8888
팩스 | 02-913-7711
이메일 | leesangbooks@gmail.com

ISBN 978-89-94478-48-7 13590